流化床

干燥过程的参数测量技术

Parameter Measurement Techniques for Grain Drying Processes in Fluidised Beds

祁博健 著

化学工业出版社

·北京·

内容简介

本书主要介绍流化床内谷物干燥过程一些参数的测量技术，包括静电传感器的常用信号调理电路和信号处理方法，基于深度学习的计算机视觉方法和图像处理技术，基于静电传感器阵列的流体参数测量系统设计与实现，采用光学成像系统对静电成像装置进行验证，建立基于静电感应的湿度测量模型并利用卤素水分分析仪评估其准确性，融合静电和光学成像的干燥特性测量技术，基于静电传感和数据驱动模型的流化床内混合生物质组分测量技术。

本书可供模式识别与智能系统、检测技术与自动化装置、食品科学与工程、轻工技术与工程、农业工程等相关专业师生和科研技术人员参考。

图书在版编目（CIP）数据

流化床内谷物干燥过程的参数测量技术 / 祁博健著. 北京 : 化学工业出版社，2025. 6. -- ISBN 978-7-122-47699-9

I. TQ051.1

中国国家版本馆CIP数据核字第2025YD5514号

责任编辑：彭爱铭　　文字编辑：毕仕林
责任校对：田睿涵　　装帧设计：孙　沁

出版发行：化学工业出版社
（北京市东城区青年湖南街13号　邮政编码100011）
印　　装：北京盛通数码印刷有限公司
710mm×1000mm　1/16　印张10¼　字数171千字
2025年7月北京第1版第1次印刷

购书咨询：010-64518888　　售后服务：010-64518899
网　　址：http://www.cip.com.cn
凡购买本书，如有缺损质量问题，本社销售中心负责调换。

定　　价：88.00元

前言

流态化现象与人类的生活和生产密切相关，普遍存在于石油、化工、食品、电力、制药、冶金、环保等现代工业领域中。流态化学科是以多相流系统为研究对象，以工程热物理学为基础，与数学、力学、计算机、信息、材料、环境等学科相互融合而逐步形成和发展起来的交叉学科。随着科学技术的快速发展，流态化在科学研究、工业生产、环境保护及人类生活中越来越重要，关于这一领域的研究也日益成为国内外十分引人关注的前沿学科。

在众多工业过程中，流态化的相界面效应及相间相对速度在不停地变化，而且在工业测量环境中又存在安全性问题等，因此流态化流动过程表现出极大的复杂性。流化床是典型的流态化反应器，其模型、测试和模拟技术始终是学术界和工业界研究的热点和难点。流化床的流动参数主要包括颗粒运动参数、气泡运动参数、流型及相含率等。同时，本书针对流化床干燥器中涉及的传热传质过程进行了研究，重点测量了干燥特性参数。通过对流动及干燥特性参数的获取，建立流化床流动过程控制模型，可以根据模型数据分析流动和传热传质规律，为工业过程的精确计算和最优化控制提供可靠的参考价值。因此，流化床测量技术在科学研究和工业生产中发挥着越来越重要的作用。

现阶段，有许多研究机构和科学家开展了流化床流动特性参数测量方法的研究，已有的测量方法包括光纤法、激光多普勒法、电容层析成像法和声发射法等。基于静电感应的方法因为具有结构简单、成本低廉、可靠性高及非接触等优点，受到了越来越多的关注。而随着深度学习的兴起，数字图像处理方法在流化床的应用也得到了快速发展，并且在工业测量领域备受关注。

作者所在的研究团队多年来一直从事静电法和图像法参数测量、信号处理、多相流数值模拟等方面的研究工作。在此领域先后承担了国家自然科学基金委项目、北京市自然科学基金委项目等。在项目研究成果的基础上，编撰完成本书。

本书主要介绍静电法和图像法流化床参数测量技术的有关内容，共分为八章，各章内容如下。

第1章：概述。主要介绍流化床的定义、分类及在各领域的应用。详细讨论了流化床内流体流动特性、干燥特性的检测技术在国内外的研究现状。

第2章：静电传感技术。主要介绍静电传感器的测量原理、结构及分类。详细阐述了静电传感器的常用信号调理电路和信号处理方法。归纳了静电传感器在流化床内检测的研究现状和应用情况，总结了静电法流化床测量技术发展趋势。

第3章：数字图像处理技术。主要介绍了传统数字图像处理方法和基于深度学习的计算机视觉方法的应用场合和遇到的问题，以及计算机视觉测量系统的硬件构成及选型注意事项。详细讨论了基于图像处理的颗粒速度测量技术和基于图像的气泡参数测量技术，并展望了基于图像的流化床测量技术。

第4章：基于静电传感器阵列的流体参数测量系统设计与实现。详细介绍颗粒带电机理、静电传感器阵列的硬件结构、有限元模型、传感器灵敏度分布以及信号处理单元设计。介绍用于流体流动特性检测的单喷口流化床装置和用于干燥特性检测的鼓泡流化床装置。

第5章：基于静电成像的气泡流动特性测量。分析了流化床中气泡及电荷的特性，提出基于静电感应原理的成像方法，重点介绍阈值分割、边缘提取、形心计算等图像处理算法在静电成像过程中的应用。详细阐述静电成像装置对气泡形状、尺寸、上升速度、产生频率进行量化的具体方法，并讨论不同射流速度对流化床中气泡特性的影响规律。采用光学成像系统对静电成像装置进行验证，评价标准包括相对均方根误差、平均绝对误差和相关系数。

第6章：基于静电传感器阵列的谷物湿度分布测量。针对静电感应检测流化床湿度的理论基础问题，分析静电信号与颗粒湿度之间的关系，建立基于静电感应的湿度测量模型。利用卤素水分分析仪评估静电传感器测量谷物颗粒湿度的准确性。采用静电传感器阵列重建流化床内的湿度分布，探究不同空气流速和空气温度条件下流化床内湿度分布的变化规律。

第7章：融合静电和光学成像的干燥特性测量。融合静电和光学成像方法分别得到测量区域的湿度分布和气泡分布，从而得到生物质在气泡内部、边缘和外部的干燥特性，并对生物质颗粒的干燥曲线、水分扩散系数、表观活化能和气固传质系数进行量化。通过分析实验结果，探究不同空气流速和空气温度对生物质干燥特性的影响规律。

第8章：基于静电传感和数据驱动模型的流化床内混合生物质组分测量。采用静电传感器阵列测量混合生物质的组分。结合混合小波散射变换和双向长短期记忆网络的数据驱动方法，用来推断静电传感器原始信号特征与混合生物质组分之间的关系，并将所建模型的性能与其他机器学习模型进行了比较。

本书可供控制理论和控制工程、模式识别与智能系统、检测技术与自动化装置、食品科学与工程、轻工技术与工程等相关专业人员、工程设计人员阅读，也可作为高等院校相关专业的研究生教材、本科生选修教材或参考书。

本书的写作过程得到了众多专家和同学的大力支持和帮助。特别感谢孙乐、董嘉欣同学为本书撰写提供的帮助。

本书的研究工作得到了国家自然科学基金“基于声发射法的流化床干燥过程谷物损伤的声波传播机制及在线检测”（项目编号：62303022）和“市属高校分类发展-食品一流学科攀登-食品营养与健康国家级平台建设”（项目编号：19002022045）等项目的大力支持，在此一并表示衷心感谢。

由于本人水平有限，书中难免存在不足之处，恳请读者批评指正。

著者

2025年1月21日

目录

第1章 概述

流态化技术，作为颗粒操作的关键手段，显著简化了颗粒的加工与输送流程，提升了效率，因此在化工、冶金、能源、食品和医药等多个领域得到了广泛应用。特别是在生产中，气-固流化床的应用最为广泛。本书将重点介绍气-固流化床的基本内容，并突出流化床中测量技术的重要性。

1.1 流化床的定义及分类

当流体（无论是气体还是液体）穿过固体颗粒层时，若能使这些固体展现出类似流体的动态特性，称之为流态化。随着流体流速的逐步提升，流态化现象展现出丰富的多样性，经历了一系列阶段：散式流态化、鼓泡流态化、湍动流态化、快速流态化，最终进入流化稀相输送的状态。在自然界中，诸如河流中泥沙的夹带、沙丘在风力作用下的自然移动等现象，从广义角度上说均属于自然界中流态化现象。农业中的谷物分选与矿业中的浮选金矿，均为人工操控的流态化应用实例。此外，流态化技术在工业领域的运用更为广泛，其核心设备为流化床或沸腾床[1]。具体而言，流化床锅炉利用该技术使煤粒悬浮燃烧，高效产生蒸汽；流化床干燥机则通过流态化过程快速干燥食品、生物质等颗粒材料；而流化床气化设备则在缺氧环境下促进煤粒燃烧，以生成煤气等能源产品。

流态化现象涵盖了多种组合形式，包括气体与固体颗粒构成的气-固流态化、液体与固体颗粒组成的液-固流态化，以及气体、液体与固体颗粒共同形成的气-液-固三相流态化。在这些类型中，气-固流态化因其在工业领域的广泛适用性而尤为突出。图1-1展示了一个典型的流化床反应器，其基本组成包括容器、固体颗粒层、分布板以及驱动流体的风机（或泵）[2]。其他元件需要根据具体应用进行设置，例如，当固体颗粒的粒度分布较宽或操作气速较高时，增设旋风分离器收集被流体带出床层的颗粒。随后，经过分离器回收后的颗粒通过返料管被送回至流化床中。流化床在进行造粒、干燥等操作时，通常需要配备螺旋加料器或液体喷嘴。在具有较大的反应热或生成热反应过程中，可以通过换热管或夹套换热器来对流化床床层进行加热或冷却。

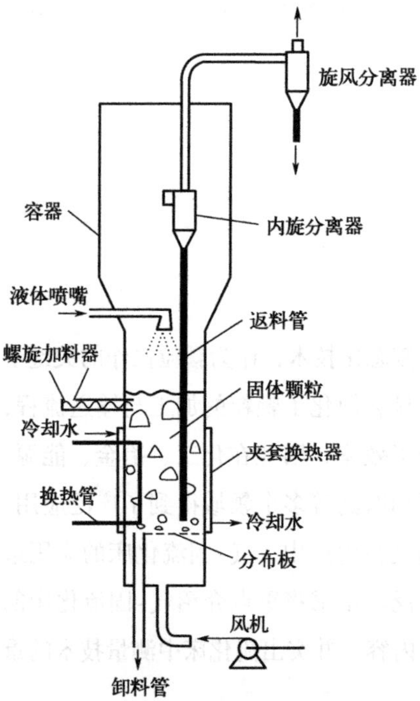

图1-1　典型的流化床反应器[2]

在容器内，首先填充固体颗粒，随后从容器底部通过分布板引入气体，如图1-2所示。起初，固体颗粒保持静止，形成固定床状态，如图1-2（a）。随着气体流量的逐渐提升，当气体流速达到一个特定阈值时，颗粒开始松动，此时的气体表观速度被定义为起始流化速度（又称为临界流化速度，critical fluidized velocity），床层进入临界流态化阶段，如图1-2（b）所示。随着气体速度进一步增加，床层开始显著膨胀并伴随气泡的产生。在这些气泡中，可能含有少量固体颗粒，形成所谓的气泡相（bubble phase），而气泡周围的区域则构成乳相（emulsion phase）。这种因气泡形成而表现的流化状态被称为聚式流态化（aggregative fluidization）或鼓泡床，如图1-2(d）所示。反之，若床内无气泡生成，则称为散式流态化（dispersed fluidization）或平稳床，如图1-2（c）所示。流化床中气泡的生成减弱了气-固接触效率，阻碍了固体颗粒表面的反应，降低了反应器的性能。为改善这种状况必须在反应器内设置内构件，用以消除气泡。当气体速度继续增大至终端速度时，颗粒将受到气流的强大作用力而被带出容器外部，这一过程被称为气力输送或扬析，如图1-2（g）所示。最终，随着气体速度的持续增加，所有颗粒会被气体完全带出容器。

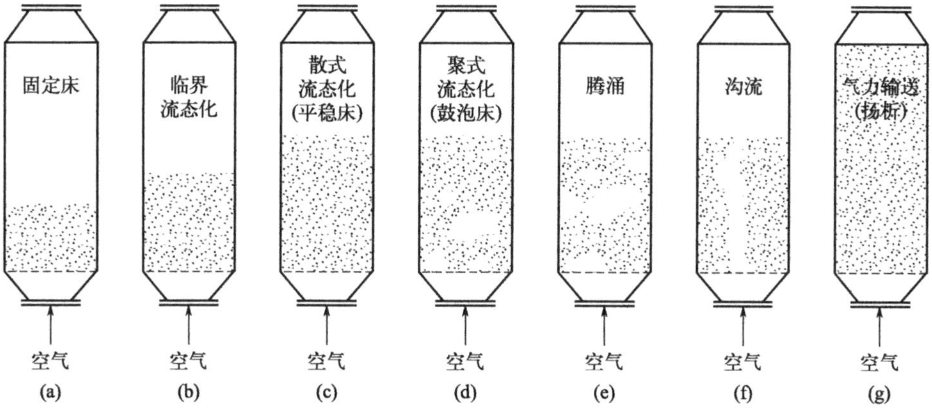

图1-2 流态化不同阶段的状态[1]

随后，通过气-固分离装置回收颗粒并返回床层，如此反复连续运行，形成循环流化床（circulating fluidized bed，CFB），以提高整体效率。

在容器截面积较小或高径比存在显著差异的情况下，气泡可能沿床层径向结合，大到与容器的截面相等时，产生腾涌（slugging）现象，如图1-2（e）所示。如果气泡沿床层轴向结合起来，贯穿整个床层时，则产生沟流现象，如图1-2（f）所示。尽管这些现象在工业级流化床中较为罕见，但在实验室环境中时有发生，为流化床的放大模拟过程增添了挑战。

1.1.1 气固密相流化床

气固密相流化床应用广泛，其核心特征在于气相与固相在床内混合形成密相流，使得固体颗粒表现出流体般的流动性质。依据是否存在气泡，此类流化床可划分为无气泡（散式流态化）与有气泡（包括鼓泡、湍动及节涌流态化）两大类，后者在工业应用中占据主导地位。气固密相流化床在工业上应用主要有以下特点。

① 高效传输：能轻松实现床内及床间固体颗粒的大量、快速输送。

② 强化传热：气泡促进颗粒返混与搅动，显著提升气-固传热效率，保持床层温度均匀。

③ 高效传质：气泡的存在有效加速气体与固体间的传质过程。

④ 宽适应性：能处理粒度分布广泛的固体颗粒，应用灵活。

⑤ 结构简单，易于规模化：流化床设计简洁，非常适合于大规模工业化生产。

气固密相流化床有许多应用实例，如颗粒的干燥与包涂、化学合成反应、烃类加工、矿石焙烧、煤燃烧及气化等方面。

一个典型的气固密相流化床系统包含多个组成部分，如床体、气体分布器、旋风分离器、料斗、换热器、扩大段和床内构件等，其中一些部分不一定在每一个具体的密相流化床中出现，而是依据特定工艺要求和操作条件灵活配置。

在流化过程中，当流化气体速度超过最小流化速度（对格尔达特B、D类颗粒）或最小鼓泡速度（对格尔达特A类颗粒）时，一部分“多余”的气体将以气泡的形式通过床层形成鼓泡流化床。由于气泡的聚并及压力的变化等原因，小气泡在上升的过程中不断长大，并逐渐加快上升速度。这些气泡的存在，造成了部分反应气体经气泡短路通过床层，对化学反应产生不利的影响。但是，气泡流动所引起的强烈搅动，也增加了气固的接触效率，保证了良好的传质和传热行为。

1.1.2 循环流化床

循环流化床包含了快速流态化与（密相）气力输送这两种流动模式。循环流态化作为一种高效且无气泡的气固接触技术，是当前流态化研究中最活跃的领域之一。循环流化床根据工艺要求不同，其结构形式也有所不同。总体来说，循环流化床由提升管（riser）、气固分离器、伴床及颗粒循环控制设备等部分组成。在提升管内，气体与固体颗粒可以灵活采取并流向上、并流向下或逆流的方式运动，这种灵活性极大地提升了系统的操作效率和适应性。

流化气体从提升管底部引入后，携带来自伴床的颗粒一同向上流动。到达提升管顶部时，气体与颗粒通过气固分离装置（如旋风分离器）实现分离，颗粒随后返回伴床并沿其向下流动，经过颗粒循环控制设备的调节后再次进入提升管，形成循环。在工业应用中，提升管常作为化学反应的主要场所，而伴床则功能多样，既可调控颗粒流动速率作为贮藏设备，又可作为热交换器、催化剂再生器或仅作为颗粒循环系统的立管。为确保伴床内颗粒的顺畅流动，需从底部适量注入气体。精确控制和调节颗粒的循环速率，是维持循环流化床稳定高效运行的关键。

根据不同的结构和操作条件，目前工业中使用的循环流化床装置主要分为气相催化反应器和气固反应器两类。其中，催化裂化提升管反应器和循环流化床燃烧反应器作为典型代表，其设备特性在广泛的工业实践中得到了充分验证与认可。

1.1.3 喷动床

喷动床技术，起初专为处理粒径大于1mm的大颗粒物料（如谷物干燥）而设计，现已发展成为一种多功能的流态化手段。随着研究的深入，喷动床的应用范围显著拓宽，涵盖了黏性或块状颗粒的表面处理（如涂层、涂料应用）、多种流体（悬浮液、溶液）的干燥、粉碎与造粒工艺，以及能源与化工领域的煤燃烧与气化、铁矿石还原、油页岩热解、焦炭活化、石油热裂化等重要过程。尽管喷动床与鼓泡流化床在应用领域上有所重叠，但两者在流动机制上存在显著差异。喷动床的独特之处在于其颗粒搅动源自一个稳定的轴向射流，这一特性使得颗粒流动更为有序，与流化床中常见的复杂随机流动模式形成鲜明对比。喷动床的操作参数包括床体温度、气体速度、颗粒直径、料液比等，这些参数的选择取决于具体的应用需求。喷动床技术的显著优势体现在其广泛的颗粒类型与处理流程兼容性、高效的热能传递效率、操作上的高度灵活性，以及系统易于根据需求进行扩展升级等方面。

喷动床有多种类型，如柱锥型、全锥型、多喷头床和多层床等。柱锥型喷动床是应用最广的结构类型。在柱锥型喷动床中，喷嘴通常位于锥的底部，通过向上喷射气体，将颗粒悬浮在气流中，使其产生循环流动。这种设计通常适用于处理较细颗粒，提供了良好的气固混合和高的热传递效率。全锥型喷动床的结构呈圆锥状，气体通过床的底部喷入，使颗粒形成环形或螺旋流动。这种结构有助于防止颗粒在床内的“粘壁”现象，适用于粗颗粒的处理。

1.2 流化床的应用

流态化作为一种高效的多相（气固、液固或气液固）操作技术，极大地促进了大规模生产的效率，其应用范围横跨多个关键工业领域，包括化工、食品、冶金、能源、材料、生物、环境保护及制药业等。流化床反应器在促进气相催化反应和气固反应方面表现出色，同时，它也能有效支持以颗粒为热载体的非催化气相反应过程。值得注意的是，流态化技术的应用不仅限于化学反应体系，在非化学反应的物理操作如干燥、气力输送、造粒等过程中同样扮演着重要角色。接下来，我们将简要介绍流态化床在几个关键工业应用领域的具体作用。

1.2.1 干燥

干燥是一种广泛应用于食品、制药、生化及高分子树脂等行业的化工单元操作，其核心在于有效去除原料、半成品或成品中的水分或溶剂。该过程适应多种物料形态，尤以颗粒状物料最为常见。流态化床技术以其高效的传热传质性能，在干燥领域表现出色。流化床干燥器因其低成本、易操作及高热效率，成为各行业颗粒物料干燥的首选。它适用于能被热气流化的湿固体物料，通过加热干燥介质（如空气）与湿物料直接接触，实现湿组分（水或溶剂）快速蒸发，从而达到预期的干燥标准。例如，流化床干燥技术广泛应用于食品谷物和生物质燃料的干燥处理中。

生物质燃料可以作为化石燃料的良好替代品，在能源系统中的地位显著提升[3]。生物质燃料主要由在农产品加工过程中产生的废弃物，如稻壳、玉米芯、花生壳、甘蔗渣等原材料构成。由于这些原材料具有较高的湿度，影响生物质燃料热值，所以需要对生物质原料进行干燥预处理，去除生物质中水分，防止真菌生长，延长储存时间，以满足生物质发电厂等工业应用场合的含水量要求。

谷物等粮食作物是众多食品的原材料，是畜牧业中重要的优质饲料，也是生产淀粉和酒精的工业原料，在我国农业生产和国民经济中占有重要地位。流化床干燥技术具有良好的传热传质效率、固体颗粒与干燥介质混合充分、床层温度分布均匀、可批量操作食品及农产品颗粒、干燥时间短等优势，是较理想的谷物干燥技术。流化床干燥器中湿物料与通过分布板的热空气充分接触，谷物颗粒处于剧烈的流化状态，经过一定停留时间，谷物湿度可以满足品质要求。

然而，干燥是我国主要的耗能行业，约占全国总能耗的8.4%[4]。同时，我国的干燥产业仍存在干燥品质差、效率低、智能化程度低等问题，难以实现干燥过程产品品质在线无损检测及过程精准控制。2020年9月，中国明确提出要在2030年前实现“碳达峰”与2060年前实现“碳中和”的“双碳”目标[5]。为了保证流化床干燥器节能环保运行，需要对流化床内流体流动、湿度分布及气固传质等干燥特性进行实时监控，探究流化床的干燥规律，从而获得高质量的干燥产品，提高能源利用率[1]。

流态化干燥技术可划分为气流干燥、流化床干燥、喷动床干燥和组合式干燥，各种干燥设备都有其自身的特点。图1-3展示了一些传统流化床干燥器的示意图。无机材料，如白云石或高炉炉渣多采用单级干燥器干燥，如图1-3（a）所示。对此干燥过程来说，物料在床内的停留时间是不重要的。将颗粒中的水分蒸发，所需要的温度也不高，60~90℃就足够了。因此，这种干燥器通常使用热空气、烟道气（废气）作为流化介质。

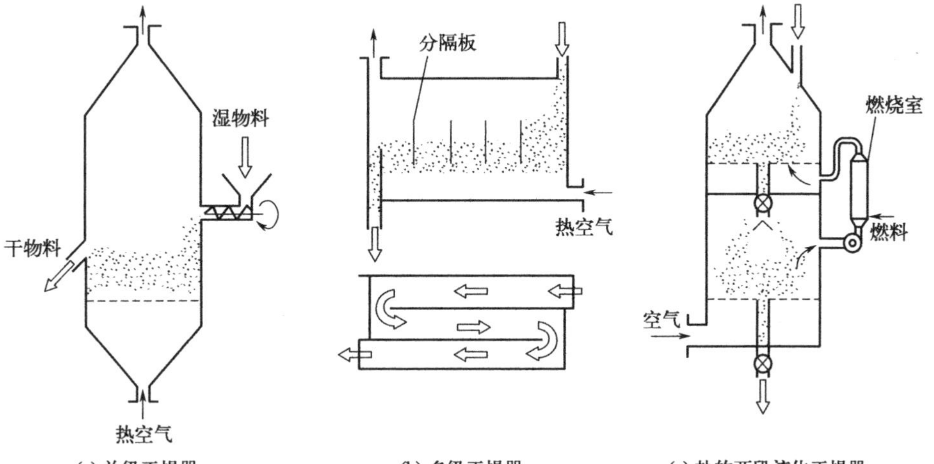

图1-3　传统流化床干燥器示意图

当所有的颗粒都需要同样的干燥时间时，颗粒在流化床内的停留时间变得至关重要。单级流化床，其流态接近混合流模式，导致床内大部分颗粒的停留时间极短，部分颗粒甚至可能迅速通过，形成“短路”现象。为了有效管理颗粒的停留时间并减少短路，采用多程流动成为关键解决方案。图1-3（b）展示了一种优化后的干燥器，通过引入垂直分隔板，不仅控制了颗粒的流动路径，延长了必要的停留时间，还限制了颗粒在床层中的短路情况，从而提升了整体的干燥效率。

针对某些温度敏感性物料，需维持较低的进口气体温度以防止过热损害，但这会牺牲一定的热效率。为弥补这一损失，采用一种能从排出的固体颗粒中回收热量的机制。图1-3（c）展示了这样一种应用实例——用于干燥盐的两段流化干燥器，该设计通过热量回收提升了能效。类似于这种多段流化干燥器，还能有效调控颗粒的停留时间，并防止它们在床层内发生短路，从而确保了干燥过程的优化与效率。

1.2.2 气力输送

气力输送是一种利用气体作为媒介，将固体颗粒物料高效地从一地传输至另一地的技术方法。该方法通常基于气-固两相流态化过程进行研究与应用，重点需要对压力损失、流体速度及所需空气量精确计算，而空气量的计算较为简单。随着工业领域不断拓展，包括化工、食品、建材、电力等行业，气力输送技术得到了广泛应用，输送对象日益多样化，设备类型与装置结构也随之不断优化和完善。这一技术已逐步取代传统的皮带输送机和料斗等设备，实现了物料的密闭管道化传输，不仅显著提升了传输效率，还有效改善了工作环境和劳动条件。

固气比值作为衡量气力输送效率的重要指标，其高低直接影响输送效能。流态化床因能维持较高的固气比值，成为提升输送效率的关键手段。此外，气力输送技术的快速发展也推动了相关理论研究的深入，逐渐构建起一个系统而全面的理论体系，为技术的进一步创新与应用提供了坚实的理论基础。

1.2.3 造粒和包涂

许多行业都用到造粒技术，如建筑陶瓷、肥料、制药、食品和冶金等。造粒设备有多种多样，如倾斜转盘造粒机、转鼓造粒机、高速轴式造粒机、喷雾干燥造粒机和流化床造粒机等。流化床造粒设备可采用沸腾床（鼓泡床）或喷动床，而具体采取哪种床型和配套系统，要根据物料的性质和成粒的要求而定。由于造粒过程要喷入一定量的水或黏结剂，所以造粒过程还伴有干燥过程进行。

流态化床包涂技术广泛应用于金属制件的表面包涂。这包括金属制件表面包涂塑料粉、金属制件表面包涂油漆粉，以及颗粒表面包涂某种化学盐类制剂。在金属制件表面包涂的过程中，将金属制件置于流化的塑料粉粒床层中，通过调控金属表面温度，使塑料粉在短时间内包涂于金属表面。这种方法也适用于粉状油漆对金属制件的包涂，通过在流体中引入静电使漆粉带有静电，然后将其喷涂到接地的金属部件上。这一过程避免了有机液体溶剂的使用，减少了对环境的污染。在制药行业，流态化床包涂技术广泛应用对粒状药物外表进行包衣[6]。

1.2.4 合成反应

在化学反应工程中，恰当选取反应器床型对于反应效率和产物质量的优化至关重要。针对固体催化剂参与的气相合成反应，通常可以选择固定床或流化床作为反应器。选择的依据包括热效应大小、催化剂再生需求以及对操作温度的控制要求。

流化床反应器在处理强放热反应或对温度控制要求严格的化学反应方面表现出色。特别是在必须严格控制温度以防止爆炸或处理热敏感物料的反应中，流化床反应器是一个理想的选择。其优越的流动性能和大热容量使其适用于催化剂频繁失活、需要随时再生的反应过程。例如，近年来使用丁烯作为原料生产顺丁烯二酸酐的工艺得到了发展。采用循环流化床反应器，将氧化反应在提升管中进行，而催化剂再生则在伴床中进行。这种设计可提高选择性氧化反应的产品收率。此项技术已在中试阶段取得成功，相比传统流化床，其更高的产品收率彰显了其巨大的应用潜力和工业价值。

1.2.5 烃类加工

催化裂化作为深刻影响国民经济的核心工业流程，巧妙利用催化剂的催化作用，在加热条件下将重型石油馏分高效转化为汽油、煤油及轻质烯烃等高价值产品。此过程中，催化剂表面不可避免地会累积焦炭沉积，因此，持续不断的催化剂再生机制成为保障过程连续性的关键。

在众多催化裂化技术中，提升管式循环流化床因高转化率、高选择性、低焦炭生成率及分子筛催化剂的高活性而脱颖而出，这些优势确保了原料高效利用，目标产品精准生成，催化剂寿命延长，并为整个催化过程注入了强劲动力。目前，在全球范围内已部署的工业级流化床反应器中，提升管式装置凭借其显著优势占据了市场的主体地位。

在中国，这一趋势尤为明显，约90%的流化催化裂化（FCC）装置采用了先进的提升管式循环流化床技术，使中国成为全球第二大应用国。针对我国特有的重质、高黏度油品处理需求，传统流化床催化裂化技术面临着结焦严重、催化剂消耗量大以及气体净化复杂等挑战。为克服这些难题，科研人员创新性地在再生器内部或其邻近区域集成了流化床换热器。这一设计精妙地将多余热量有效导出，从而优化了再生烧焦环节，不仅提升了目标产物的选择性，还显著减少了催化剂因高温导致的永久性失活现象。此改进方案展现了巨大的应用潜力，预示着催化裂化技术在新时代的进一步发展与飞跃。

1.3 流化床内流动特性测量技术

气固流化床的流体参数包括颗粒相和气相的浓度、速度、压力、温度及湿度分布信息，对于流化床反应器来说，内部多相流体之间常发生化学反应及相互作用。因此对相间的流动、传热和传质参数进行检测，设计和改进多相流检测技术方法，对提高流化床反应器的反应效率及能源利用率具有重要意义。近年来，随着计算机技术的发展和应用，采用计算流体力学（computational fluid dynamics，CFD）等数值模拟方法对流化床反应器内的气固流动、传质、传热情况进行模拟与运算成为研究流化床反应器的重要手段。计算流体力学是流体力学的一个分支，它用于求解固定几何形状空间内的流体的动量、热量和质量方程以及相关的其他方程，并通过计算机模拟获得某种流体在特定条件下的有关信息，是分析和解决问题的强有力和用途广泛的工具[7-9]，但是模拟方法的有效性和准确性均需要真实的实验数据进行验证。因此通过检测方法开展实验探究仍然是研究流化床内流体特性参数的重要手段，是科学研究以及工业应用中不可或缺的重要组成部分。

当测量仪器应用于实验室或工业尺度流化床反应器时，测量方法的有效性和准确性在很大程度上受到复杂流体特性的影响，如流体非均相分布、流型多变、气固相间作用及流体扰动等。这种复杂性是由流态化的本质决定的，因此在讨论任何具体检测技术之前，都必须考虑到这一点。另外，流化床运行（特别是高速流化床的运行）是一个典型的混沌过程和非线性过程，随着入口空气流速依次增加，流化床根据流型变化转变为鼓泡、塞状、湍流和快速（循环）流化床，这给流化床内流体参数测量带来巨大挑战[2]。此外，格尔达特颗粒类型（Geldart A、B或D）和流化床的几何形状均影响流体参数测量[10]。由于流化床中信号具有多尺度和信号叠加特性，需要对测量信号进行全面分析，这些都对检测技术提出更高要求[11]。

在流化床中，固体颗粒与空气发生相互作用，检测颗粒和气泡特性参数具有重要意义。固体颗粒的参数特性检测有利于判断颗粒的停留时间、相间的传热传质现象、固相磨损及混合过程。而气泡特性的检测便于观察气泡形成、聚并和破碎的运动过程，易于获得气泡尺寸、气泡速度、气泡频率及尾涡大小等参数，是流化床反应器设计和运行的重要依据[12]。气体从分布板向上运动，逐渐形成气泡，气泡增加了气体和颗粒之间的接触面积，促进了彼此间的相互作用，从而提高流化产品质量并且降低反应器的运行能耗[13]。由于气泡的边缘位置气体和颗粒之间的接触面积大、传热传质效率高，因此固体反应物通常在气泡的边缘位置反应剧烈。一方面流化床中的气泡处于动态变化中，气泡破碎和聚并现象时刻发生，引起气泡形状动态变化。另一方面，工业应用中流化床的壁面多为不透明材料，反应器内部化学反应剧烈，这些因素使得定量表征流化床中气泡特性面临一定挑战[14,15]。

在流化床的检测技术需求的推动下，检测技术本身也取得了显著进步。国内外众多学者开展了大量的研究工作，从传感器设计到信号处理分析的研究均取得了新的成就。现有检测技术可根据传感器是否与被测流体直接接触分为侵入式和非侵入式两类方法[2]。其中，侵入式测量方法采用压力传感器、光纤探头、电容探头等设备，根据流体依次通过传感器探头时引起的信号波动来确定流动特性参数。侵入式传感器与被测对象直接接触，方法简便，成本低廉[16,17]。但是侵入式方法采用逐点测量方式，难以获得完整的场分布信息。且侵入式方法中探头与流体直接接触，不可避免干扰流场内流体运动，引起测量误差。测量探头长时间与被测流体接触，极易引起磨损，需要定期更换。为了克服侵入式方法的缺陷，非侵入式测量方法逐渐受到关注。非侵入式测量方法主要包括光学成像[18]、电容层析成像（electrical capacitance tomography，ECT）[19]和核磁共振成像（magnetic resonance imaging，MRI）[20,21]。Sun等[10]在综述文章中比较了各类非侵入式方法在流化床检测应用中的优缺点，并对常用的检测方法进行了展望。

检测流化床内流体流动特性的方法有多种，由于在第2章和第3章将分别详细阐述静电感应法和图像法的测量技术，因此这里将介绍以下几种常用的其他测量方法。

1.3.1 光纤法

当光源产生的入射光照射到两相界面时，由于不同材料的反射率、折射率存在差异，探测器会得到不同强度的光信号[22,23]。光纤法采用光导纤维作为探头，颗粒运动时，通过计算颗粒依次经过两组光纤的反射光信号的延迟得到颗粒的速度。由于两组反射光信号相似度高，根据光学互相关原理可实现颗粒速度测量。为了提高光纤法的测量精度，可以进一步改进光纤探头的数量和结构。例如，在流化床壁面附近颗粒浓度较高并且颗粒运动方向无规律的状态下，采用五个光纤探头可以有效地测量颗粒的运动速度和方向[12]。

根据光纤法的测量原理，测量颗粒速度时光纤探头原则上不需要进行标定，只需要采用显微镜准确测出两束接收反射光的光纤距离即可用于速度计算。在实际使用过程中，如果需要标定工作以确保测量的准确性则可以采用圆盘标定法。该方法首先将被测颗粒粘在圆盘上，将标定圆盘与速度可调的直流电机的转轴相连接，然后根据颗粒旋转的角速度和探头与电机轴中心位置的距离得到圆盘上颗粒运动的线速度，完成速度标定工作。

现有研究表明，光纤法测量流化床固体浓度和空隙率的准确率较高，但是用于颗粒速度测量时却受到多种干扰因素的影响，导致颗粒速度测量的准确性与可靠性难以保证[24]。例如反射型光纤存在出射光散射的问题，引起速度测量偏差。同时，尽管应用互相关算法可以获取颗粒群的瞬时速度，其统计平均值可以表征颗粒群的时均速度，但颗粒的聚集状态、位置和流场的波动都将影响光学信号特征，所以需要统一的处理方式定义测量的速度。吴诚等[25]使用型号为PV6D的光纤颗粒速度测量仪对流化床中的颗粒速度进行测量，并提出滤波阈值的颗粒速度校正方法。图1-4为该研究中使用的光纤探头装置和圆盘速度标定装置。

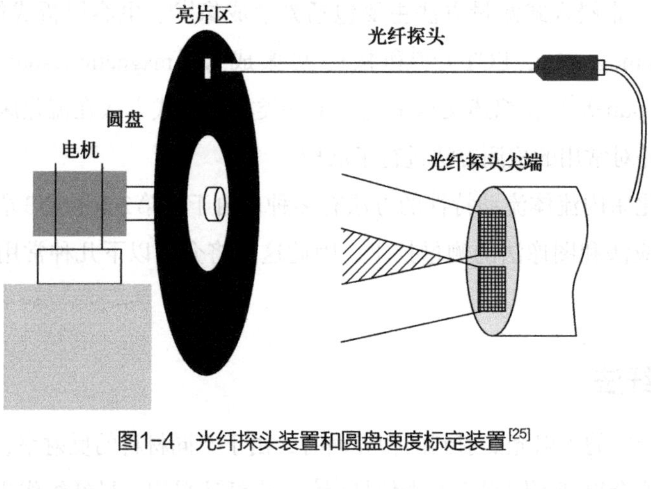

图1-4　光纤探头装置和圆盘速度标定装置[25]

1.3.2　激光多普勒测速法

采用多普勒效应对流化床内颗粒速度进行检测已经十分普遍。多普勒现象是指激光束照射固体颗粒后发生散射，此时入射光与散射光之间会产生频率偏移。研究发现，由于频率偏移与固体颗粒的速度成正比，所以多普勒频移可以用来检测颗粒速度[26,27]。早期激光多普勒测速方法多利用参比光束的原理，即入射激光被分成参比光和散射光，两束光被相同的光电检测器接收，当颗粒从测量区间经过时，测量参比光与散射光之间的频移，就可以得到固体颗粒的速度，如图1-5所示[28]。近些年来国内外学者又相继提出了双光束前向散射、相移多普勒等方法，测量分辨率进一步提高[12]。采用激光多普勒测速方法进行瞬时速度测量，具有精度高、不干扰流场的优点。但是其只能在低颗粒浓度的流化床中使用，并且尽量避免流化床壁面上颗粒吸附或者是被玷污，导致激光多普勒的聚焦效果被破坏的情况[23]。

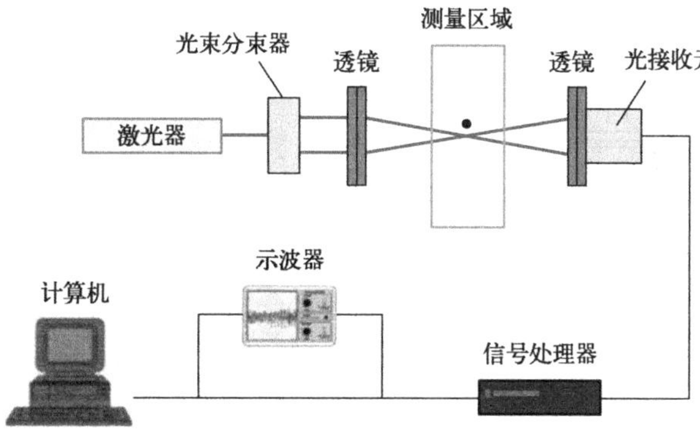

图1-5 激光多普勒测速装置[28]

1.3.3 电容层析成像法

在多相流系统中安装多个电极板，由于流体经过电容极板时不同组分流体的介电常数各异，且多相流系内会产生相分布变化，进而引起介电常数变化，导致电容极板的等效电容随之改变。电容层析成像技术（ECT）是利用不同电极对间的电容值，通过成像算法重构被测区域物质的介电常数分布，从而得到被测对象的浓度分布的方法。典型的ECT系统由电容传感器、电容数据采集与信号处理单元及图像重建处理器构成。电极形状、电极结构以及电极数目是ECT硬件系统设计的三个关键因素。ECT的图像重建算法主要包括了线性反投影算法、吉洪诺夫（Tikhonov）正则化方法、兰韦伯（Landerweber）方法及神经网络算法等。ECT技术已经被应用到如流化床干燥、密相气力输送和鼓泡流态化过程[29-31]。Wang等针对制药行业广泛应用的Wurster流化床设计了ECT系统（图1-6），并基于ECT的测量数据和计算流体力学的仿真数据得到了流化床内流体的流动特性参数，确定了流化工艺的最佳操作范围[32]。

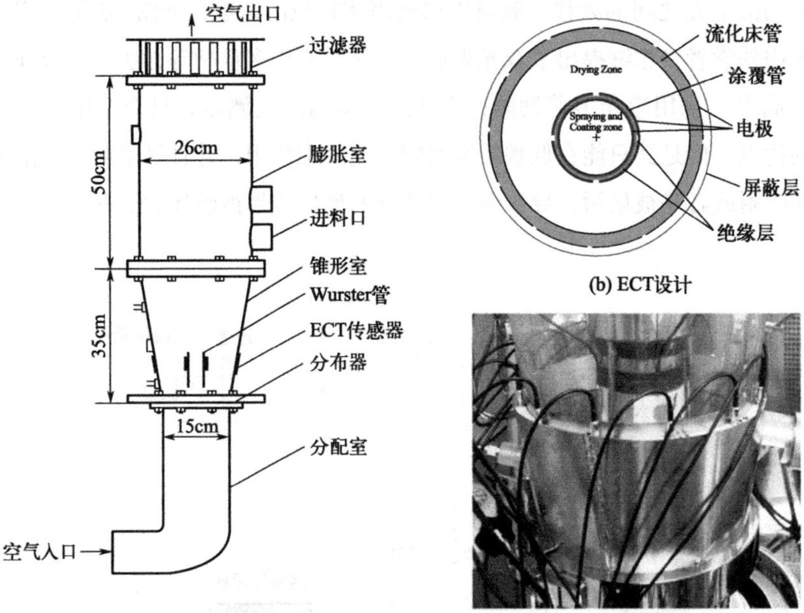

(a) Wurster流化床

(b) ECT设计

(c) ECT测量系统成品

图1-6 ECT系统[32]

ECT是一种“软场”技术，其敏感场将随着混合物的物理性能及组分分布而变化。ECT性能受检测系统中电极数量和尺寸的限制，并且对重建算法的性能高度敏感。此外，流化床中存在的静电电荷导致ECT系统器件性能改变甚至被击穿，从而影响ECT检测系统的可靠性和准确性[29]。同时，对于高温高压环境下的工业流化床反应器，考虑到电容传感器的边缘效应和寄生电容的影响，也需进一步改进和优化ECT系统的电极结构[31]。

1.3.4 声发射法

近年来，气固流化床中关键过程参数的声学检测技术有了较大的进展。声学检测技术可以分为主动式测量和被动式测量两种。其中主动式测量的原理是朗伯比尔（Lambert-Beer）定律，声波在颗粒介质中的衰减与入射声波的强度、介质的有效厚度和线性衰减系数有关。虽然主动监测方法在裂纹扩展监测方面有很多的应用，但是很难进行连续监测。被动式声学测量是利用声学传感器测量工业过程中产生的声波，进而对过程参数进行测量和监控的方法，其中声发射是典型的被动声学测量方法。在气固流化床中，由于颗粒的撞击、摩擦、流体流动和颗粒结块等剧烈运动，被动声波自然地释放出来，从而产生声发射信号[33]。声发射传感器对颗粒内部损坏敏感，具有连续监测能力，该信号蕴含有丰富的颗粒运动信息，通过适当的信号处理技术，可实现颗粒损伤测量。

近年来，声发射技术已经被应用于流化床中关键过程参数检测。通过对声信号进行深入的分析，可以得到有关流化床内部参数信息，如颗粒粒径及其分布、颗粒速度、颗粒湿度、气泡特征、料位、流型转变、材料断裂等测量[34-36]。然而声发射检测系统应用于工业流化床干燥器时，现场存在各种环境噪声，例如压缩机等动力设备、排料、现场检维修时的敲击等过程发出的噪声。因此，声发射技术的难点在于如何从复杂、耦合的信号中辨识和提取有用的信息，实现对气固流化床谷物损伤程度的准确计量。目前，针对声发射传感器的信号处理方法主要包括时域分析、频域分析、时频域分析和非线性分析方法等。但是，流化床内颗粒的声信号微弱且易受干扰，一方面需要提高声发射传感器、前置放大器、低噪声屏蔽电缆等硬件设备的屏蔽及防干扰能力；另一方面需要开发新型的声信号消噪技术和特征提取技术，以对声发射信号源进行科学和准确的解释。

1.4 流化床内干燥特性测量技术

借助现代工业技术，目前干燥技术已经实现了部分干燥特性在线检测、参数自动调节及干燥过程智能控制，为优化和提升干燥技术提供坚实的基础。流态化干燥技术，顾名思义，它涉及流体（空气或烟道气）和固体颗粒的流动，又涉及湿空气和热量传递的问题。流体在管内的流动特性测量在1.3节已经介绍，这里简单介绍干燥特性测量技术。流化床干燥颗粒的过程中，传热传质现象同时发生，并受到颗粒材料结构、物理化学性质和干燥操作条件（如干燥介质的速度、温度和湿度等）多个参数影响。同时，由于流化床中气泡的运动，不同气泡位置的颗粒与空气的接触时间和接触面积存在差异[37]，因此颗粒在流化床的不同位置（即气泡内部、气泡边缘和气泡外部）干燥特性的准确描述仍然是阻碍流化床干燥技术发展的一个主要难点。流化床内干燥特性的研究是了解和掌握气固传质规律的重要基础，是实现干燥器节能高效运行的重要举措，研究流化床中颗粒干燥特性的检测方法能够准确预测流化床中流体的干燥行为，使颗粒产物达到理想的湿度要求。

1.4.1 湿度检测

目前，流化床中颗粒湿度的测量方法主要是近红外光谱法（near infrared, NIR）和微波谐振法。NIR可以指示—CH、—OH、—SH和—NH波段的振动，对含水量的变化高度敏感。Liu等[38]使用NIR方法并提出光谱校准模型来检测流化床干燥过程中的颗粒湿度。但是NIR方法需要额外的光源和清洁的观察窗才能获得流化床内部颗粒的湿度信息，因此NIR方法仅适用于透明床体。微波谐振法通过同时测量微波频率变化和谐振衰减来确定颗粒的水分含量。Peters等[39]采用了在四种谐振频率下运行的微波谐振传感器对流化床制粒干燥过程中的湿度进行监测。需要注意的是，传感器发出的微波可能会略微加速传热传质过程，且传感器的探针侵入干燥器内会干扰流体流动。

流化床干燥器主要通过固体物料在气固界面与干燥空气有效接触，提高气固传热传质效率从而使物料水分含量快速下降。因此，检测流化床内生物质与空气交界面的湿度分布比检测床层局部位置湿度或床层的平均湿度更有价值[40]。另外，流化床干燥器有时出现的沟流和热点现象会造成流化床温度分布不均匀，导致干燥产品湿度各异，影响干燥产品质量[40]。因此，需要可靠且准确的湿度分布检测方法对生物质干燥过程进行监测。

近些年来，国内外学者提出了多种测量湿度分布的方法。目前，常用的方法包括近红外高光谱成像[40]、核磁共振成像[41]、计算机层析成像（computed tomography, CT）扫描[42]和ECT[43,44]方法。NIR高光谱成像方法因为对湿度变化高度敏感可用于湿度分析。He等[45]利用NIR高光谱成像系统获取了鱼片的湿度分布。然而，NIR高光谱成像技术成本高，单次测量产生的数据量大，导致NIR高光谱成像不宜作为工业场合下可靠且高效的湿度分布测量系统[46]。

利用MRI信号强度分布图可以定量分析被测物体的湿度分布。Horigane等[41]应用MRI测量了谷物浸泡过程中物料的湿度分布，并检测了水分渗透模式和速度。然而，MRI方法的准确性与被测材料的化学组成和仪器中磁铁内径尺寸相关。并且MRI方法在图像采集方面需要进一步改进，包括减少图像采集时间和提高采集软件的性能从而满足工业检测的实际需求。

CT扫描是一种通过X射线辐射强度确定被测物体密度分布，从而得到物体平面湿度分布的方法，但在实际使用过程中需要注意采用辐射屏蔽设施，避免辐射危害[38]。

ECT方法通过测量湿物料介质的电容得到物料的介电常数分布，然后根据湿度与介电常数的关系对湿度分布进行测量[44]。该技术得到了广泛应用，但是存在扫描时间长、建造成本较高和对重建算法敏感等局限，在工业流化床干燥器中的应用有限[47]。同时，考虑到颗粒的浓度分布对湿度信号测量的影响，可以采用多传感器融合的方法对信号进行解耦。如融合ECT和电阻层析成像方法同时测量同一截面的介电常数和电导率，从而解耦颗粒的水分和浓度分布[30]。

1.4.2 其他干燥特性检测

流化床干燥过程中，干燥介质（热空气）将热量传递给湿物料并带走湿物料中的水分，属于对流传热传质过程。水分的传递主要涉及湿物料表面水分气化蒸发以及水分从物料内部扩散至物料表面[48]。由此可见，强化相间的传热传质过程对提高干燥效率十分有利。能量消耗是衡量干燥过程与设备效率的重要标准，因此对生物质在流化床中的干燥特性参数进行检测，探究操作条件对干燥设备运行效率的影响十分重要。目前，众多学者采用实验测量及理论分析的方法对生物质的干燥特性参数如湿度、干燥模型、水分扩散系数、表观活化能和生物质与空气的传质系数等进行研究[49,50]。

通过对湿物料的干燥行为和干燥时间进行测量，建立干燥模型，预测颗粒的传热和传质特性。通过比较不同模型拟合数据与实验数据，确定给定条件下生物质的干燥模型[50]。目前，薄层干燥方程在干燥过程建模中得到了广泛的应用，许多其他的干燥模型都是在其基础上改变发展而来[51,52]。Chen等[51]通过热重分析方法探究了生物质原材料的干燥特性，并基于统计分析方法对不同干燥模型进行比较。

生物质颗粒中的水分主要通过内部扩散和表面蒸发两种方式进行转移。水分扩散系数可表征水分在物料内部的扩散能力[53,54]。Jia等[55]根据喷动流化床干燥实验数据计算了道格拉斯（Douglas）冷杉木屑的有效水分扩散系数。研究结果表明在不同的脉动频率和空气流量条件下，Douglas冷杉木屑的水分扩散系数在4.993×10^{-9} ~ $7.467\times10^{-9}m^2/s$的范围内[50]。同时，研究人员采用由水分扩散系数计算的表观活化能表征水分在颗粒内部迁移时克服阻碍所需的能量[56]。近年来，众多学者通过研究气固对流传质系数，预测流化床干燥过程的传质效率[37,57]。Moreno等[37]提出了一种测定流化床内森林生物质颗粒对流传质系数的方法，测得森林生物质的传质系

数的范围是 $6 \times 10^{-3} \sim 2 \times 10^{-2}$m/s。然而，早期的研究主要关注流化床中颗粒的宏观特性，未能识别颗粒在气泡不同位置的干燥特性差异。

Jia[58]阐述了流化床干燥过程的复杂性，以及由于气泡的存在导致生物质干燥特性检测方法面临的挑战。研究表明，生物质在不同位置（气泡内部、气泡边缘和气泡外部）具有不同的干燥特性。采用ECT方法测量的流化床中生物质颗粒的湿度分布实验结果表明，气泡内部颗粒湿度较低，而远离气泡的颗粒湿度较高[30,44]。虽然前人已进行了相关研究，但仍有必要对不同气泡位置的生物质干燥特性进行全面分析，以获得气固传热传质规律进而指导工业应用。

参考文献

[1] 吴占松，马润田，汪展文．流态化技术基础及应用 [M]．北京：化学工业出版社，2006.

[2] 金涌，祝京旭，汪展文，等．流态化工程原理 [M]．北京：清华大学出版社，2001.

[3] Motta I L，Miranda N T，Filho R M，et al．Biomass gasification in fluidized beds：a review of biomass moisture content and operating pressure effects[J]．Renewable and Sustainable Energy Reviews，2018，94：998-1023.

[4] 王教领．特色果蔬转轮热泵联合干燥节能试验与优化 [D]．北京：中国农业科学院，2021.

[5] 蔡绍宽．双碳目标的挑战与电力结构调整趋势展望 [J]．南方能源建设，2021，8（3）：8-17.

[6] Takei M，Zhao T，Yamane K．Measurement of particle concentration in powdercoating process using capacitance computed tomography and wavelet analysis[J]，Powder Technology，2009，193：93-100.

[7] 付少闯，周俊杰，张东伟．流化床锅炉气固流动特性数值模拟研究 [J]．低温与超导，2019，47（9）：73-78.

[8] 王帅．流化床内稠密气固两相反应流的欧拉 - 拉格朗日数值模拟研究 [D]．杭州：浙江大学，2019.

[9] 陈祁，刘慧慧，汪大千，等．小型流化床干燥器气固流动和干燥的 CPFD 数值模拟 [J]．中国矿业大学学报，2019，48（2）：415-421.

[10] Sun J Y，Yan Y．Non-intrusive measurement and hydrodynamics characterization of gas–solid fluidized beds：a review[J]．Measurement Science and Technology，2016，27：112001.

[11] 徐金晖，巴晓玉．气 - 固流化床压力脉动信号的多尺度熵分析 [J]．化工自动化及仪表，2015，42（10）：1114-1117.

[12] 郭慕孙，李洪钟．流态化手册 [M]．北京：化学工业出版社，2008.

[13] Wang T，Xia Z，Chen C．Coupled CFD-PBM simulation of bubble size distribution in a 2D gas-solid bubbling fluidized bed with a bubble coalescence and breakup model[J]．Chemical Engineering Science，2019，202：208-221.

[14] Chandrasekera T，Li Y，Moody D，et al．Measurement of bubble sizes in fluidised beds using electrical capacitance tomography[J]．Chemical Engineering Science，2015，77：679-687.

[15] Müller C R, Davidson J F, Dennis J S, et al. Rise velocities of bubbles and slugs in gas-fluidised beds: ultra-fast magnetic resonance imaging[J]. Chemical Engineering Science, 2007, 62: 82-93.

[16] Nosrati K, Movahedirad S, Sobati M, et al. Experimental study on the pressure wave attenuation across gas-solid fluidized bed by single bubble injection[J]. Powder Technology, 2017, 305: 620-624.

[17] Werther J. Measurement techniques in fluidized beds[J]. Powder Technology, 1999, 102: 15-36.

[18] Movahedirad S, Dehkordi A, Banaei M, et al. Bubble size distribution in two-dimensional gas-solid fluidized beds[J]. Industrial Engineering Chemistry Research, 2012, 51: 6571-6579.

[19] Li X, Jaworski A J, Mao X. Comparative study of two non-intrusive measurement methods for bubbling gas-solids fluidized beds: electrical capacitance tomography and pressure fluctuations[J]. Flow Measurement and Instrumentation, 2018, 62: 255-268.

[20] Penn A, Boyce C M, Pruessmann K, et al. Regimes of jetting and bubbling in a fluidized bed studied using real-time magnetic resonance imaging[J]. Chemical Engineering Journal, 2020, 383: 123185.

[21] Pore M, Holland D, Chandrasekera T, et al. Magnetic resonance studies of a gas–solids fluidised bed: Jet–jet and jet–wall interactions[J]. Particuology, 2010, 8: 617-622.

[22] Haidar T, Muthanna A D. The impact of vertical internals array on the key hydrodynamic parameters in a gas-solid fluidized bed using an advance optical fiber probe[J]. Advanced Powder Technology, 2018, 29: 2548-2567.

[23] 程易，王铁峰. 多相流测量技术及模型化方法 [M]. 北京：化学工业出版社，2016.

[24] Razzak S A, Barghi S, Zhu J X, et al. Phase holdup measurement in a gas–liquid–solid circulating fluidized bed (GLSCFB) riser using electrical resistance tomography and optical fibre probe[J]. Chemical Engineering Journal, 2009, 147 (2/3): 210-218.

[25] 吴诚，高希，成有为，等. 光纤法颗粒速度测量信号的标定与校正 [J]. 化学反应工程与工艺，2013，29（2）：105-110.

[26] 张立强，马春元，宋占龙，等. 循环流化床回流物料循环的特性 [J]. 化学工程，2008，36（6）：22-25.

[27] 孙国刚，李静海. 激光多普勒流动测量技术在颗粒流体两相流中的应用 [J]. 粉体技术，1997（3）：25-32.

[28] Mathiesen V, Solberg T. Laser-based flow measurements of dilute vertical pneumatic transport[J]. Chemical Engineering Communications, 2004, 191 (3): 414-433.

[29] Zhang W, Wang C, Yang W, et al. Application of electrical capacitance tomography in particulate process measurement – A review[J]. Advanced Powder Technology, 2014, 25 (1): 174-188.

[30] Wang H G, Yang W Q. Application of electrical capacitance tomography in pharmaceutical fluidised beds – a review[J]. Chemical Engineering Science, 2021, 231: 116236.

[31] Wang H G, Yang W Q. Application of electrical capacitance tomography in circulating fluidised beds – A review [J]. Applied Thermal Engineering, 2020, 176: 115311.

[32] Wang H G, Qiu G, Ye J, et al. Experimental study and modelling on gas–solid flow in a lab-scale fluidised bed with Wurster tube[J]. Powder Technology, 2016: 14-27.

[33] 吴永洁，魏厚振，李肖肖，等. 钙质砂一维压缩回弹过程中声发射特征试验研究 [J]. 工程地质学报，

2021，29（6）：1711-1721.

[34] Sheng T，Fan X，Yang Y，et al. Bubble characterization in the gas-solid fluidized bed using an intrusive acoustic emission sensor array[J]. Chemical engineering journal，2022，446：137168.

[35] Sheng T，Zhang P，Huang Z，et al. The screened waveguide for intrusive acoustic emission detection and its application in circulating fluidized bed[J]. AIChE Journal，2021，67（4）：e17118.

[36] 胡东芳，韩国栋，黄正梁，等. 基于声发射信号递归分析的气固流化床流型转变 [J]. 化工学报，2017，68（2）：612-620.

[37] Moreno R M，Antolin G，Reyes A E. Mass transfer during forest biomass particles drying in a fluidised bed[J]. Biosystems Engineering，2020，198：163-171.

[38] Liu J X，Liu T，Mu G Q，et al. Wavelet based calibration model building of NIR spectroscopy for in-situ measurement of granule moisture content during fluidised bed drying[J]. Chemical Engineering Science，2020（226）：115867.

[39] Peters J，Teske A，Taute W，et al. Real-time process monitoring in a semi-continuous fluid-bed dryer – microwave resonance technology versus near-infrared spectroscopy[J]. International Journal of Pharmaceutics，2018（537）：193-201.

[40] Jia D N，Bi X T，Lim C J，et al. Gas-solid mixing and mass transfer in a tapered fluidized bed of biomass with pulsed gas flow[J]. Powder Technology，2017，316：373-387.

[41] Horigane A K，Suzuki K，Yoshida M. Moisture distribution in rice grains used for sake brewing analyzed by magnetic resonance imaging[J]. Journal of Cereal Science，2014，60：193-201.

[42] Watanabe K，Lazarescu C，Shida S，et al. A novel method of measuring moisture content distribution in timber during drying using CT scanning and image processing techniques[J]. Drying Technology，2012，30：256-262.

[43] Wang H G，Yang W Q，Senior P，et al. Investigation of batch fluidized-bed drying by mathematical modeling，CFD simulation and ECT measurement[J]. AIChE Jorunal，2008，54：427-444.

[44] Rimpilainen V，Heikkinen L M，Vauhkonen M. Moisture distribution and hydrodynamics of wet granules during fluidised-bed drying characterized with volumetric electrical capacitance tomography[J]. Chemical Engineering Science，2012，75：220-234.

[45] He H J，Wu D，Sun D W. Non-destructive and rapid analysis of moisture distribution in farmed Atlantic salmon（Salmo salar）fillets using visible and near-infrared hyperspectral imaging[J]. Innovative Food Science and Emerging Technologies，2013，18：237-245.

[46] Antequera T，Caballeroa D，Grassi S，et al. Evaluation of fresh meat quality by Hyperspectral Imaging（HSI），Nuclear Magnetic Resonance（NMR）and Magnetic Resonance Imaging（MRI）：A review[J]. Meat Science，2021，172：108340.

[47] Aghbashlo M，Sotudeh-Gharebagh R，Zarghami R，et al. Measurement techniques to monitor and control fluidization quality in fluidised bed dryers：a review[J]. Drying Technology，2014，32：1005-1051.

[48] 潘永康，王喜忠，刘相东. 现代干燥技术 [M]. 北京：化学工业出版社，2007.

[49] Aghbashlo M，Sotudeh-Gharebagh R，Zarghami R，et al. Measurement techniques to monitor and

control fluidization quality in fluidized bed dryers: a review[J]. Drying Technology, 2014, 32: 1005-1051.

[50] Kucuk H, Midilli A, Kilic A, et al. A review on thin-layer drying-curve equations[J]. Drying Technology, 2014, 32: 757-773.

[51] Chen D Y, Zheng Y, Zhu X F. In-depth investigation on the pyrolysis kinetics of raw biomass. Part Ⅰ: Kinetic analysis for the drying and devolatilization stages[J]. Bioresource Technology, 2013, 131: 40-46.

[52] Zeng X, Wang F, Adamu M H, et al. High-temperature drying behavior and kinetics of lignite tested by the micro fluidization analytical method[J]. Fuel, 2019, 253: 180-188.

[53] Ge L C, Liu X Y, Feng H C, et al. Enhancement of lignite microwave dehydration by cationic additives[J]. Fuel, 2021, 289: 119985.

[54] Chen G B, Maier D E, Campanella O H, et al. Modeling of moisture diffusivities for components of yellow-dent corn kernels[J]. Journal of Cereal Science, 2009, 50: 82-90.

[55] Jia D N, Bi X T, Lim C J, et al. Gas-solid mixing and mass transfer in a tapered fluidized bed of biomass with pulsed gas flow[J]. Powder Technology, 2017, 316: 373-387.

[56] Koukouch A, Idlimam A, Asbik M, et al. Experimental determination of the effective moisture diffusivity and activation energy during convective solar drying of olive pomace waste[J]. Renewable & Sustainable Energy Reviews, 2017, 101: 565-574.

[57] Medrano J A, Gallucci F, Boccia F, et al. Determination of the bubble-to-emulsion phase mass transfer coefficient in gas-solid fluidized beds using a non-invasive infra-red technique[J]. Journal of Chemical Engineering, 2017, 325: 404-414.

[58] Jia D N, Bi X T, Lim C J, et al. Biomass drying in a pulsed fluidized bed without inert bed particles[J]. Fuel, 2016, 186: 270-284.

第2章 静电传感技术

静电传感技术通常用于气固流化床参数检测。在流化床中，由于颗粒之间的碰撞、颗粒与壁面之间的接触摩擦和颗粒与气体之间的相对滑移，流化床内部流动的颗粒会产生自然荷电。颗粒和壁面上的静电荷，以及由它们引起的电场会影响流化床内流体流动特性，并产生副产品[1,2]。同时，静电电荷常常干扰传感器和流化床内构件工作，导致测量仪器操作失灵。例如，在颗粒剧烈运动的系统中，静电现象导致ECT方法产生测量误差，甚至会使一些ECT系统发生故障[3]。已有研究表明，静电现象可能导致工业气固流化床反应器形成结块、薄板、钎尾（在反应器壁面上的颗粒过热导致固体颗粒融合成块状），对废物排放和产品处理产生影响。流化床聚合反应中的结块现象会引起非常严重的运行安全问题并导致生产损失[4]，电荷累积到一定数目引起电火花放电甚至引发爆炸，会严重干扰反应器的安全正常运行。所以，检测并控制流化床内颗粒的电荷量保持合适水平十分必要。虽然具有上述种种危害，但是静电感应现象仍然具有重要的应用价值。给带电颗粒施加静电力从而控制其运动，可利用静电感应现象为静电除尘、粉末喷涂、煤块淘析以及固体废物分离等多项工业过程带来便利[5]。当带电颗粒流经静电传感器时，静电传感器周围的电场会不断发生变化，进而导致感应电极表面的感应电荷及感应电势不断变化，该变化包含了大量的流动信息（如流速、浓度和流型等）。正因如此，根据静电现象设计基于静电感应的测量装置引发了广泛关注，并已在实际生产中应用。在流化床中采集不同位置的静电信号用于定量表征气泡和颗粒的流动特性的方法得到广泛认可[6]。与其他的测量方法相比，静电感应方法是一种无源、被动式且非侵入的检测方法，不需要额外的激励源。尽管静电传感器以及相应的静电感应技术已得到逐步发展，但是现有研究缺乏对静电与流体流动特性及传热传质定量关系的深入探究，导致对静电传感器的测量机理认识不足，使其应用范围受限，因此亟需进一步的研究。

2.1 静电传感器的测量原理

对颗粒带电过程的研究表明，颗粒带电方式可分为主动式和被动式两类。碰撞、接触和粉碎使颗粒带电为主动式，而外加电场作用使颗粒电离的方式为被动式[7]。在流化床中，因为颗粒的运动引起颗粒-颗粒、颗粒-壁面和颗粒-流体间相互摩擦和接触致使颗粒上产生静电荷，这种情况为颗粒主动式自然带电，电荷产生和电荷耗散速率同时决定了颗粒静电荷的变化[8]。

气固流化床中的静电行为十分复杂，受到包括颗粒性质（表面粗糙度、材料属性和相对速度）、介质性质以及操作条件（温度和湿度）等诸多因素的影响。如果能够建立静电信号与上述物理参数的定量关系，便可在此基础上发展基于静电感应原理的测量方法。国内外众多学者对流化床中颗粒的静电行为与众多因素的影响进行了大量研究[9-11]。Zhao等[12]通过搭建单颗粒从斜板上滑落的实验装置，研究了非球形颗粒与斜板间的摩擦起电现象。研究表明，影响静电产生的因素包括了颗粒的形体因素，如前冲角、长宽比、接触面积、滑行方向。同时实验的环境湿度也是重要的影响因素。

工业应用中粉体颗粒上的电荷量较小，通常无法直接获取，可通过静电传感器和信号调理电路共同测量得到。Yan等[13]在综述论文中介绍了静电传感器阵列信号处理单元的典型电路结构。带电颗粒通过电极极板时引起电场波动，此时电路中会产生静电信号。如果静电电极嵌入绝缘体中且未与颗粒直接接触，这时电极通过静电感应方式检测颗粒电荷。相反，如果电极裸露在流体中并与颗粒直接接触，颗粒上的电荷会发生转移，此时静电感应和电荷转移现象同时存在，由此产生的电荷分别为感应电荷和传导电荷。研究表明，通常裸露电极测量的信号中感应电荷占主导部分。由于电极上的输出信号极其微弱，通常采用信号调理电路与静电电极相连，处理电极上的静电信号便于信号采集和输出。

2.2 静电传感器的结构及其分类

静电传感器主要分为接触式和非接触式两大类，包括探针式（多为接触式）和感应式传感器[14]。静电探针形状结构多样，常见为球形、半球形或是棒状结构。探针安装在流化床床层内部测量流化床颗粒的传导电荷或感应电荷。此类电极敏感元件的接触面积通常较小，只能准确检测到电极附近几十毫米的信号波动，导致其有效监测区域很小，如果电极尺寸较大，便会对流场起到干扰作用，进而影响管道内流场特性；且电极与粉体颗粒的持久摩擦容易造成磨损，因而需要频繁更换电极[15]。由于接触式探针只能反映局部电荷情况，干扰流体流动，因此本书主要讨论用于非侵入式测量的静电传感器。常见的用作静电传感器感应电极的结构为环形、弧形及条形等，如图2-1所示[13]。非接触式静电电极均具有非侵入性，不会破坏流场，响应快且结构简单，安装简易，易实现电磁屏蔽，抗机械振动干扰能力强，可用于恶

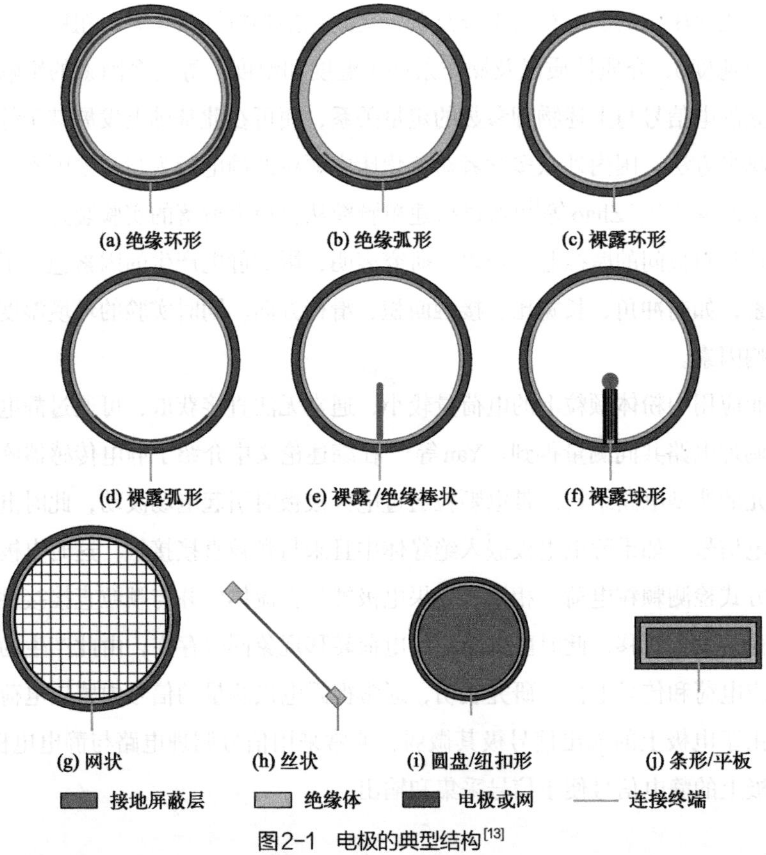

图2-1 电极的典型结构[13]

劣的工业现场环境下的流动参数测量。

为了深入研究静电传感器的感应测量机理、优化传感器的结构设计，需要通过数学建模等方法建立静电传感器的感应机理模型。已有学者采用不同的方法建立了针对不同形状电极的传感器感应机理模型。Law等[16]针对环形电极结构，通过数学方法建立了环形电极上的感应电势、感应电荷与点电荷之间的关系，提出了基于点电荷的环形电极感应机理模型。Gajewski等[17]进一步改进了模型，考虑到电极本身电容将影响模型机理，在此基础上得到了电极感应电势与感应电荷之间的对应关系。通过机理建模，还可以分析静电传感器灵敏度分布与各个影响因素之间的关系，利用该分析手段可以根据实际工业要求来选择合适的传感器尺寸。值得注意的是，由传感器的空间滤波特性可知，增加静电电极轴向长度能够提高空间灵敏度，但会导致静电传感器对高频信号的响应能力变弱；减少电极轴向长度，则会导致输出信号的幅值降低，信噪比下降，对屏蔽的要求也就更高。因此，选择合适的电极轴向长度至关重要。Yan等[18]全面探究了电极尺寸的影响，采用建模方法改进了环形电极的感应机理模型。Xu等[19,20]学者探究了其他形状的电极，应用有限元分析方法对环形电极和弧形电极进行仿真计算。张帅等[21]根据静电感应基本理论和镜像电荷方法提出了针对方形管道内的静电传感器阵列的感应机理数学模型，探究了带电颗粒在管道不同位置时传感器上电极的感应电荷特性。

2.3 信号调理电路

信号调理电路是静电传感器或传感系统中的一个重要组成部分。该电路可被设置为仅在特定频率范围内提取传感器信号的交流分量（交流法），或者在不考虑频率特性的情况下提取信号的直流分量（直流法）。在许多情况下，交流法优于直流法。

信号调理单元通常由模拟前端的前置放大器、用于增加电压增益的次级放大器和用于抗混叠或去噪的低通滤波器组成。前置放大器是最重要的元件，因为它不仅决定了要调理的信号类型，而且还对电路的某些关键性能指标，包括稳定性、信噪比等产生显著影响。由于电极的原始电流或电荷信号非常微弱，因此需要高性能的前置放大器。当电极直接（或通过电阻）与某一固定电位的点连接时，电极上感应或转移的电荷流向该点。通常采用电流调理电路或电荷调理电路将电荷信号转换为电压信号。

2.3.1 电流调理电路

图2-2展示了两个简化的电流调理电路，分别采用并联和反馈模式[24]。在这两种情况下，电极都被建模为电流源，表明感应电荷的变化率是可以测量的。在并联模式下，电流I_S从电极流向地，经过并联电阻R_S产生电压V_{in}，该电压经过同相放大器进一步放大。输出电压表示为

$$V_O = I_S R_S \left(1 + \frac{R_2}{R_1}\right) \tag{2-1}$$

与反馈模式的电路相比，这种电路较少使用，因为其频率响应受到电极的寄生电容和电极与被测物体之间耦合电容的影响。

反馈模式电路也称为跨阻放大器或电流电压（I/V）转换器。电极与运算放大器的虚拟地相连，电流I_S通过反馈电阻R_F产生电压输出，表示为

$$V_O = -I_S R_F \tag{2-2}$$

为了达到足够的灵敏度，通常采用大值电阻R_F。对极微弱的信号测量，通常使用一个T型电阻网络来替代反馈电阻。此外，还可将反馈电容器与R_F并联，以确保稳定性，并限制信号带宽。

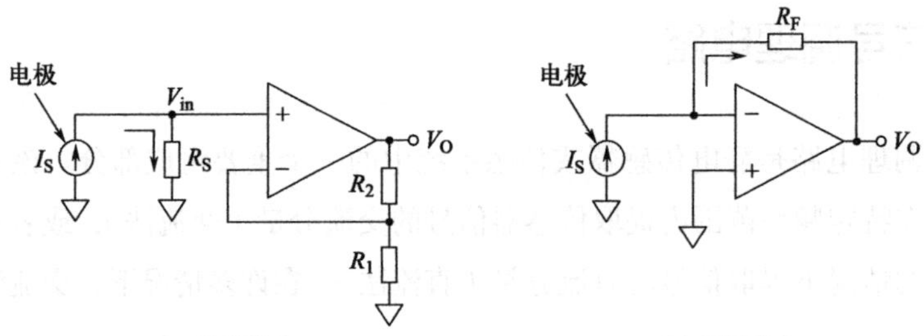

图2-2 电流调节电路

两种模式下的运算放大器都应具有极低的输入偏置电流，以减少对电极电流的影响。采用专门的电路设计技术，如防护、屏蔽和绝缘材料，以减少漏电流对传感器信号质量的影响。

2.3.2　电荷放大器电路

利用电荷放大器在准静态模式下可以实现感应电荷或转移电荷总量的测量[27]，如图2-3（a）所示。电极与虚拟地相连，并被模拟为电荷源Q_S。电极上感应或转移的电荷存储在反馈电容C_F中。电容两端的电压构成输出：

$$V_O = -\frac{Q_S}{C_F} \tag{2-3}$$

利用继电器或结型场效应管（JFET）形式的复位开关对反馈电容器进行放电，并将输出电压周期性地归零，防止电荷放大器进入饱和。准静态电荷放大器是法拉第杯测量方法的标准调理电路，能够提供被测物体上电荷极性的信息。

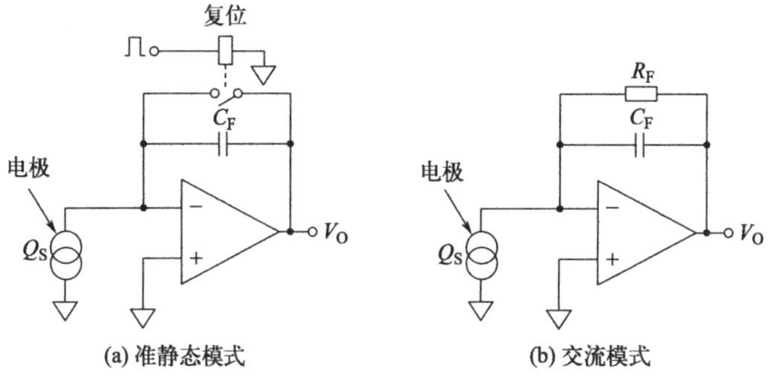

图2-3　电荷调节电路-电荷放大器

当只考虑电荷量的变化而不考虑电荷总量时，可采用工作在交流模式下的电荷放大器，用反馈电阻代替复位开关进行动态测量，如图2-3（b）所示。反馈电容在低频下通过反馈电阻连续放电，以防止放大器进入饱和状态。电阻还提供了输出的直流负反馈。值得注意的是，图2-3（b）中的电路看起来是一个低通滤波器，但实际上它是一个高通滤波器，因为电荷Q_S是输入，而不是通常的电压输入[26]。为了提高电路的频率响应，反馈电阻应足够大。

2.3.3　电位测量电路

如果将被测物体和电极建模为电容器的两块极板，则可以采用单位增益缓冲放大器[27]来测量电极的电位，如图2-4所示。带电物体的静电电压用V_S表示，被测物体与电极之间的耦合电容用C_S表示。高源阻抗需要一个具有超高输入阻抗的放大器，以防止信号衰减，并最大程度地减少增益对耦合电容的依赖性。然而，为了给放大器的偏置电流提供通路，需要一个降低输入阻抗的接地电阻R_B。

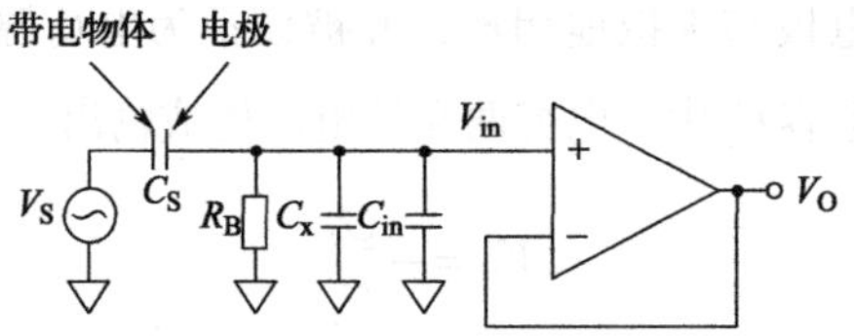

图2-4 电位测量电路

此外，电源电压V_S还被电路板的寄生电容C_x和放大器的输入电容C_{in}分压，输入电压V_{in}的表达式为

$$V_{in}=\frac{j\omega R_B C_S}{1+j\omega R_B\left(C_{in}+C_X+C_S\right)}V_S \tag{2-4}$$

现有的研究工作已经报道了几种技术来提高信号调理电路的灵敏度，例如增加输入电阻，中和并主动保护以减少运算放大器非反相端的电容[27,28]。

2.4 信号处理方法

对静电传感器采集的信号进行处理和分析，是表征气固两相流参数的重要环节，如何选择合适的信号处理方法，提取有效的特征信息是信号分析的重点和难点。目前，针对静电传感器的信号处理方法主要包括时域分析、频域分析、时频域分析和非线性分析方法等[13,29,30]。表2-1对上述常用的信号分析方法的特点进行了总结和比较。

表2-1 信号处理方法比较

特点	方法	特点
时域分析	峰值[31]	直接反映信号波形的最大值，便于直观分析判断信号的强弱
	能量[13]	信号时域波形包络线下的面积，但如果信号能量太大时，研究没有意义
	均方根误差[32]	信号幅值的均方根值，通常被认为是信号的有效幅值
	互相关计算[13,33]	可以分析两个或多个信号在波形上的相似性，也可以分析同一信号的相似性

续表

特点	方法	特点
频域分析	频谱分析[34]	将信号做傅里叶变换，实现信号的时频转换，但分辨率不高
	功率谱分析[35]	单位频带内的信号功率，检测不同频率范围内能量分布的微小差异
时频域分析	小波分析[28]	可表征时频域信号的局部特征，但数据冗余，不能对高频信号细分
	小波包分析[32]	对高频部分进一步分解，提高信号的分辨率
非线性分析	混沌分析[29,36]	混沌特征参数能够较为清晰地反映信号的变化，但参数求解和计算复杂，难以解释
	神经网络识别[37]	具有自主学习能力及较强的鲁棒性、容错性，但输出结果难以解释、易出现过拟合问题

由于被检测过程或系统具有随机性，静电传感器的信号往往是随机的。对于这些信号，有一些简单直接的处理方法，例如确定时域参数或频率参数。典型的例子是使用均方根值（RMS）来表示静电传感器信号的大小。均方根值的定义如下：

$$V_{\text{RMS}}=\sqrt{\frac{1}{N}\sum_{k=1}^{N}S^2(k)} \tag{2-5}$$

式中，$S(k)$（k=1, 2, ..., N）表示采样信号$S(t)$，而N表示每个测量周期中的数据样本数。

静电传感器信号的能量和功率也是常见的时域特征。它们的定义分别为：

$$E=\sum_{k=1}^{N}S^2(k) \tag{2-6}$$

$$P=\frac{1}{N}\sum_{k=1}^{N}S^2(k) \tag{2-7}$$

式中，E和P分别代表信号$S(t)$的能量和功率。

对于某些静电传感器信号，由于被监测过程或系统（如轴的旋转运动）的重复性，这些信号中包含有周期性成分。通过自相关处理，可以确定静电传感器信号的周期性。信号周期（T）可通过自相关函数$R(m)$的波峰位置确定，$R(m)$定义为：

$$R(m)=\frac{1}{N}\sum_{k=1}^{N}S(k)S(k+m) \tag{2-8}$$

式中，N是相关计算中的数据样本数，m（m=0, ..., N）是延迟点数。需要注意的是，无延迟点（m=0）的自相关函数等于信号功率P［式（2-7）］。通常使用归一化的自相关函数来获得相关系数，即：

$$\rho(m)=\frac{\sum_{k=1}^{N}S(k)S(k+m)}{\sum_{k=1}^{N}S^2(k)} \tag{2-9}$$

相关系数表示归一化自相关函数中主峰值的大小，从而在一定程度上反映了测量的可靠性。信号的自相关函数揭示了信号在时域中的内部结构以及信号是否包含周期性成分。相关系数则表示信号波形的周期性程度，而时间轴上主峰的位置则反映了信号的周期T。

在很多实际应用中，通常采用一对相同的静电传感器来测量物体或颗粒的直线或圆周运动速度。在这种情况下，两个信号在本质上相似，但由于检测目标运动的传感器之间存在物理的线性或角度间距，因此两个信号之间存在短暂的时间延迟。时间延迟可以通过两个信号的互相关来确定，其定义为：

$$\rho_{12}(m)=\frac{\sum_{k=1}^{N}S_1(k)S_2(k+m)}{\sqrt{\sum_{k=1}^{N}S_1^2(k)}\sqrt{\sum_{k=1}^{N}S_2^2(k)}} \tag{2-10}$$

式中，$S_1(k)$和$S_2(k)$（k=1, 2, ..., N）分别是对信号$S_1(t)$和$S_2(t)$采样得到的。互相关函数中主峰对应的时间偏移就是两个信号之间的时间延迟。

由于环境的干扰，通常会导致静电传感器输出信号中含有大量噪声。在功率谱特性曲线上，表现为各点离散程度较大，波峰不明显，甚至被其他的波峰掩盖，这为峰值的精确确定带来困难，影响颗粒流动速度的准确测量。此时，可以将小波变换的多尺度分析等方法应用于频谱特性曲线的平滑处理，实现对频谱特性曲线趋势项的提取，进而有效克服数据中周期性因素、白噪声和脉冲性噪声的影响，提高速度的测量精度。

已有研究学者采用不同的信号处理方法测量颗粒的平均速度，许传龙等[38]对静电传感器的空间滤波效应进行计算，得到了线性静电传感器阵列的空间选择特性。Hilbert–Huang变换分析也是一种常见的静电信号处理方法，王超等[39]据此分析了不同宽度的静电传感器的输出信号，从而得到气固两相流中固相浓度的信号特征，并且进一步研究了气固两相流中静电相关测速的参数选取方法。彭黎辉等[40]在方形气力输送管道中采用静电相关方法测量了颗粒速度，并采用自适应滤波方法估计静电信号的渡越时间。

采用静电传感器对流化床中参数进行测量可以分为直接测量法和间接测量法。除了直接利用静电传感器的信号进行分析，还可以根据静电信号的特征结合数据驱动或是软测量方法对流体参数进行测量。间接测量方法通过分析从一组传感器获取的时变信号来确定待测参数。一般来说，传感器输出与待测参数之间的关系难以从理论上推导得到。在这种情况下，经验模型通常使用统计方法从实验数据中建立出来。随着人工智能和机器学习的发展，软测量技术为传统的统计方法提供了替代方法，并扩展了经验模型的能力。

软测量技术是一种利用模型或算法估算难以直接测量的变量，旨在提高测量精度、降低成本并增强系统鲁棒性的方法[41,42]。它有时被称为计算智能，涵盖了计算机科学、人工智能和机器学习中的一系列计算技术。软测量用于从可用的测量值中获得所需的信息。软测量的主要构成技术包括机器学习（神经网络、支持向量机、深度学习等）、进化计算（进化规划、遗传算法、进化策略、遗传规划等）、模糊逻辑和概率推理（贝叶斯信念网、Dempster-Shafer证据理论等）。机器学习和进化计算是数据驱动的搜索和优化方法，而模糊逻辑和概率推理技术是基于知识驱动的推理。每种技术都可以独立使用，而几种技术的组合则构成混合模型，在计算机工程、环境工程、材料工程、医学诊断等领域得到了广泛的应用[43]。

近年来，数据驱动的建模方法被广泛应用于多相流测量，通过建立被测参数与变量之间的关系，使用软测量技术从传感器输出中提取有用的信息来预测或估计流量、各相分数或识别流型[44,45]。例如，利用人工神经网络、支持向量机和随机森林方法对流化床中颗粒的流动和干燥特性进行预测[46]。

对比不同软计算方法，MLP神经网络已广泛应用于单个相流量和相分数的估计。然而，神经网络的结构参数需要在训练过程中进行调整，通常需要通过试错来确定。由于RBF神经网络结构固定，可调参数少，因此在一些研究中采用RBF神经网络来提高训练效率。虽然神经网络为多相流测量提供了有效的解决方案，但人工神经网络基于经验风险最小化，所有参数都是迭代调整的，因此人工神经网络可能存在过拟合的问题。在这种情况下，基于结构风险最小化的支持向量机提供了另一种选择。一些研究工作[47,48]已经证明支持向量机在泛化能力上优于人工神经网络。在进化算法方面，遗传算法被广泛用于优化人工神经网络的内部参数。与人工神经网络和支持向量机相比，模糊逻辑和概率推理在多相流测量中的应用较少。此外，一些结合了人工神经网络和模糊逻辑的基于知识的系统，如ANFIS已经被开发出来[49,50]。这种混合系统综合了人工神经网络和模糊逻辑系统的优点。对于难以用分析模型或数学模型描述的问题，软计算方法比传统方法更可取。这些成功的应用表明，软计算技术将在未来几年对多相流计量产生越来越大的影响。混合模型利用了每种技术的优势，为多相流测量领域提供了一个新的维度。此外，深度学习是一组机器学习算法，它使用由多个非线性变换组成的体系结构对数据中的高维信息进行建模[51,52]。深度学习已成功应用于计算机视觉、语音识别和社交网络过滤等领域[52]。近期，已有研究者着手探索利用深度学习技术进行流型模式识别，预示着在未来数年间，深度学习将在多相流测量领域迎来更为广泛的应用与发展[53,54]。

2.5　流化床内测量应用

静电感应技术发展十分迅速，在稀相气力输送管道中已成功应用，可测量气力输送过程中的粉体颗粒速度、浓度和质量流量等参数。近些年来，借助静电传感器来测量流化床中流体特性也逐渐成为重要检测手段[55-58]。根据测量对象的不同，静电传感器在流化床内检测主要应用在以下方面。

2.5.1　电荷检测

在流化床反应器运行过程中，连续的颗粒-颗粒、颗粒-壁面、颗粒-流体之间相互作用、摩擦和滚动导致颗粒表面产生静电荷[59,60,61]。静电电荷影响颗粒的流动行为和流化床的安全稳定运行[62]。特别是气固流化床中存在许多气泡，气泡运动导致气泡周围颗粒快速移动，显著提高了电荷产生率[63]，而颗粒的电荷影响传统测量仪器的测量精度及可靠性。因此，测量并抑制流化床的静电电荷十分重要。流化床内电荷测量一般有两种方法，一种是利用法拉第杯直接测量，另一种是利用静电传感器间接测量。法拉第杯可以直接测量颗粒上的电荷量，但属于离线采样方法，容易导致电荷损耗从而引起测量误差[64]。并且法拉第杯只能获得流化床局部区域的电荷，无法表征流化床整体的电荷分布情况。现有研究表明，静电传感器可用于测量流化床中颗粒的电荷，同时静电传感器上的电极结构直接影响传感器的灵敏度，从而影响测量结果[65]。已有众多学者开展了不同的电极结构对静电信号的影响的研究。一种使用环形电极和压力传感器的修正模型被提出，以预测粒子电荷密度[66]。Shi[67]等设计了一种弧形静电传感器阵列，用于同时测量流化床中的静电荷和其对颗粒运动的影响。通过分析传感器信号、颗粒速度和电荷质量比在不同电荷水平下的变化，他们建立了预测平均电荷质量比的模型。需要注意的是，上述模型在特定条件下才适用，因此，为了实现广泛适用性，需要建立新的模型，考虑传感机制和监测过程的物理原理。Ma等[68]研究了用于气力输送系统的螺柱形、弧形和环形电极，发现与其他形状的电极相比，环形电极因其具有更高的总灵敏度在应用中具有优势。但是，传统的静电传感器测量方法只能测量流化床内的整体电荷或是平均电荷，不能区分不同位置颗粒的电荷分布。Zhang等[69]设计了网状静电传感器用于测量流化床截面上的电荷分布。与其他静电传感器相比，金属网状静电传感器具有更高和更均匀的灵敏度分布。通过感应电荷和静电传感器灵敏度分布的分析，成功地重建了流化床横截面上的电荷分布。然而，网状电极安装在流化床截面内部，属于侵入式测量装置，会对气泡颗粒流动产生干扰。此外，安装在床外的静电传感器也被用来测量气泡流化床中的电荷密度及其对颗粒运动的影响[66,67]。最后，部分学者通过静电探针测量得到流化床中的电荷分布[70,71]。He等[72,73]研制了一种双尖端静电探头，可同时测量颗粒的原位电荷密度以及气泡的大小和上升速度。Chen等[63,71]基于气泡形状对称的假设，利用四个静电探针的测量数据和迭代线性反投影算法重构了气泡周围的电荷分布。但是，这个方法是基于气泡形状对称的理想假设，不适用于真实的气泡形状，并且四个探针的信号无法分辨直径较小的气泡周围电荷情况，因此需要改进静电探针的结构和重建算法。

2.5.2 气泡流动特性检测

静电感应是一种非侵入式检测技术，在研究流化床的颗粒运动方面取得了部分突破[74,75]。然而，现有研究主要集中在颗粒特性的测量，由于流化床中的气泡带来的复杂静电现象以及流体系统的混沌非线性特性，导致利用静电感应方法测量气泡特性的研究存在局限。

相比流化床内密相区的颗粒，气泡周围的颗粒运动复杂、颗粒速度大且颗粒间的相互作用强，进而产生更多的静电电荷。所以通过气泡边缘的电荷强度可以区分气泡相和颗粒相。通过静电感应对目标图像进行重建的方法称为静电成像法。Chen等[63]应用迭代线性反投影算法处理四个静电探头采集的信号，重建了流化床内气泡周围的电荷分布。但是，此方法仅实现了电荷分布测量，没有建立电荷与气泡边缘轮廓的定量关系，因此无法得到准确的成像结果。

2.5.3 颗粒速度检测

颗粒速度是描述气固两相流流动特性的一个重要参数，实现颗粒速度的实时测量对于了解流体内部流动状态及生产过程的计量、节能与控制均具有重要意义。静电传感器已成功应用于检测气力输送管道中的固体颗粒速度[76]。而针对流化床反应器的相关研究也在不断发展，可通过在流化床分布板上方沿外壁方向不同层安装环形或弧形静电传感器阵列测量固体颗粒的流动行为。但是与稀相系统（气力输送管道）相比，密相系统（流化床）中静电传感器测速方法误差较大，这是由于密相系统中流体流动不稳定导致颗粒浓度分布处于连续波动的状态，对静电传感器的电极感应信号产生影响。

互相关测速法是流化床中测量颗粒速度的主要方法。流化床内颗粒的运动速度和相对浓度均是影响静电传感器感应信号的重要因素，所以互相关方法测得的颗粒速度被认为是位于静电传感器上下游电极之间检测区域内颗粒的平均速度。其值可以通过将上下游电极中心距除以上下游静电信号的延迟时间得到。应用互相关算法处理上下游电极的测量信号时，需要根据信号互相关函数中的主峰计算延迟时间，并合理设置采样频率和积分时间[76]。由静电传感器灵敏度分布特性可知，其对电极附近的带电颗粒更敏感，因此流化床中的颗粒反混现象极易影响感应信号的幅值，但是信号幅值的变化对上下游信号之间的相关性影响较小[77]。

许南等[78]根据运动电荷的电磁感应原理建立了静电传感器的测量模型，并提出了描述流化床内颗粒循环时间的方法。Zhang等[79]通过将静电传感器和双平面ECT传感器融合，在较宽的流型范围下实现循环流化床的流体动力学特性的监测，并观测到循环流化床提升管和下降管中的流体特性存在差异。张擎[31]等采用静电传感器阵列分别测量和比较了格尔达特B和D类颗粒在鼓泡床密相区及过渡区的流动行为和电荷特性。研究中采用四个弧形电极构成一个电极组，并将多个电极组构成的静电传感器阵列紧密安置在流化床的外壁面上（图2-5）。每个电极组的电极被均匀布置，用于获得流化床内不同区域的颗粒运动信息。实验发现，格尔达特D类颗粒的流化床内气泡破碎行为多于气泡聚并，因此气泡尺寸较小且气泡数量较少，同时格尔达特D类颗粒的平均速度明显小于格尔达特B类颗粒的平均速度。Sun等[80,81]应用弧形静电传感器测量了流化床提升管中的固体颗粒速度和颗粒簇相对浓度。Zhang等[82]分别采用静电感应技术和高速成像技术测量了二元颗粒混合物中聚乙烯和砂粒的速度。研究发现，沿提升管安装的上下游电极信号之间的相关函数的两个峰值可分别代表两种颗粒依次通过电极的时间。通过对比静电感应和高速成像方法的实验结果，验证了静电传感器可以粗略测量循环流化床近壁面区域内二元颗粒混合物的速度。

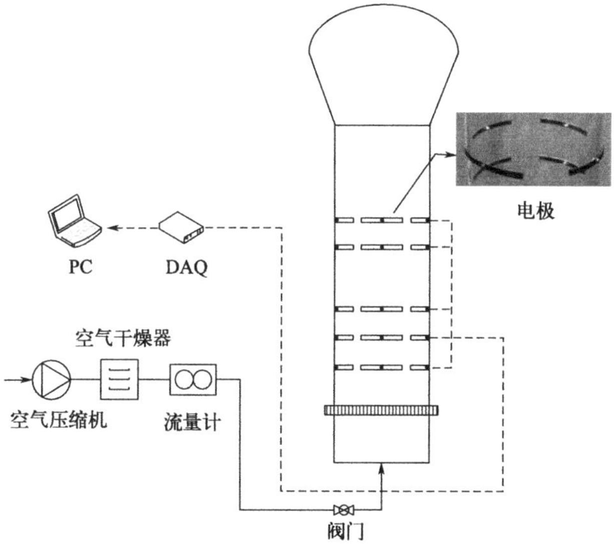

图2-5　流化床与静电传感器阵列[31]

2.5.4　非均匀结构表征及流型识别

流化床中存在异相分布、流态波动、固相和气相的速度与加速度变化，以及多变的运行条件，导致了流动结构的高度复杂性。静电传感器的信号携带了流化床内异质流动结构的重要信息。通过对这些信号的处理，可以确定固体的速度和相对浓度。Zhang等[83]提出采用静电传感器和双平面电容层析成像（ECT）传感器的组合，监测三床联合循环流化床（CFB）在不同流动状态下的流动动态。通过对来自上下游静电传感器的信号进行互相关来估计固体速度。在提升管内的稀悬浮流中，观察到了均匀的流型，固体颗粒的速度剖面几乎是平坦的。相反，下行床内的流动变得不均匀，下行床中心处的固体速度高于近壁面处的固体速度。静电传感器也可用于表征鼓泡流化床[84,85]中的流动动力学特性。流化床的外壁上布置几组电极，每组有四个弧形电极。电极被放置在流化床上，以获取流化床不同局部区域颗粒行为的信息。对格尔达特B和D类颗粒的速度进行了测量和分析。由于气泡的分裂和聚并占主导地位，格尔达特D类颗粒的气泡尺寸较小，在相同过量气体速度下形成的气泡数量较少。因此，格尔达特D类粒子的平均速度明显小于格尔达特B类粒子。Sun和Yan运用弧形静电传感器来表征CFB立管中的相干结构和簇状结构以及固体的速度和相对浓度。比较提取前后的扩展自相似性缩放规律曲线，观察到相干结构对流动间歇性的影响，表明信号中包含有关床层中颗粒间歇流体力学行为的重要信息[86]。

采用静电传感器对流化床流型识别主要包括3个基本步骤：信号采集、特征提取及特征识别。仅从原始采集的信号分析很难发现信号与对应流型之间的关系，如果直接将采集到的数据输入分类模型进行流型识别，会造成数据量庞大、耗时过长，而且会有很多无关的信息降低识别效率。因此，有必要对信号进行特征提取，然后将包含流型信息的特征量输入分类器模型以实现流型识别。由于静电信号是一种非线性、非平稳性的随机信号，利用恰当信号处理方法对其进行处理分析并提取特征量就显得尤为关键。这里介绍两种信号特征提取方法：希尔伯特-黄变换（Hilber Huang transfrom，HHT）特征提取方法和梅尔频率倒谱系数（Mel frequency cepstral coefficients，MFCC）特征提取方法。同时，分别结合神经网络模型和隐马尔可夫模型实现流型识别。

静电信号是一种非线性、非平稳性的随机信号，HHT是一种适用于非线性非平稳信号的处理方法。它通过经验模态分解（empirical mode decomposition，EMD）将信号的内部振荡模式逐级分离出来，并通过希尔伯特谱分析得到其瞬时频率和幅度。HHT是一种自适应的、能适用非线性、非平稳信号的信号分析方法。该方法被认为是近年来对以傅里叶变换为基础的线性和平稳信号分析的一个重大突破。该时频方法不像傅里叶变换那样需要预先确定基函数，而是由信号本身确定各不相同的基的数，这样基函数具有自适应的特点，可以很好地分析信号的局部时频特性，并能得到信号的时间-频率-幅度三维分布，在时域和频域均具有很高的分辨率。该方法主要包含2个步骤：经验模态分解（EMD）和希尔伯特谱分析。EMD用于把数据序列分解成有限个固有模态函数IMF（intrinsic mode function）；希尔伯特谱分析则是对分解得到的每个IMF分量作希尔伯特变换，从而得到时频平面上完整的能量分布谱图（希尔伯特谱），即得到瞬时频率和能量，而不是傅里叶谱分析中的全局频率和能量。

2.5.5 湿度检测

静电检测方法是一种低成本、非侵入式的检测技术，湿度对粉体物料的摩擦起电现象产生显著影响，但由于电荷受多种因素影响，静电方法测量湿度分布的潜力还有待评估[87-89]。Choi等[88]测量了不同湿度药粉颗粒的电导率，并将其与湿度增加时的电荷耗散程度进行了关联。Taghavivand等[89]研究了干燥参数对流化床干燥器中药粉颗粒摩擦起电行为的影响。结果表明，颗粒所带电荷随着湿度的增加而减少。颗粒的高含水量对其介电常数产生影响，从而增加颗粒的导电性这一现象源于水的分子结构，因为水合离子团簇及其聚合物会引起电荷耗散[90]。所以，对于通过静电感应方法测量颗粒湿度特性，有必要首先建立颗粒湿度与静电传感器信号之间的关系。

现有研究进行了初步探索，确定了湿度与静电探针信号之间的关系[91,92]。Portooghese等[91]在流化床的不同位置安装了多个静电探针用于实时测量颗粒湿度。结果表明，静电探针非常敏感，能够准确提供湿度含量范围从0.01% ~ 0.2%的结果[91]。然而，由于静电探针安装在流化床装置内部，会对流体的运动产生干扰。同时，该方法只能分析局部测点的湿度，无法提供湿度分布信息。近年来，由多电极构成的静电传感器阵列已成功应用于多个领域[93,94]。Zhang等[93]采用由四组电极构成的非侵入式静电传感器阵列测量了流化床干燥器中玉米渣颗粒的湿度，并建立了颗粒湿度和静电信号均方根值的关联模型。然而，因为采用的测量装置仅有12个电极，无法获得床层内部的湿度分布。另外，由于硬件电路的设计缺陷，所提出的静电测量系统的湿度测量范围有限，可测的最小湿度（质量分数）为11%。为了进一步提高含水量测量的准确性，采用基于随机森林（RF）算法的机器学习模型[46]。该模型选取了传感器信号在时域和频域的特征、颗粒速度，以及流化床的出口温度和湿度作为输入向量。采用贝叶斯优化算法对RF模型的超参数进行调整，该模型在实验室规模的平台上对含水率进行了在线预测。尽管实验条件超出了训练数据的范围，但预测结果与采样结果趋势一致，相对误差在13%以内。

2.6 静电法流化床测量技术发展趋势

静电法作为一种结构简单、成本低、可靠性高、无辐射且非侵入的测量技术，在工业过程多相流参数测量领域占据重要地位。现阶段，流化床检测技术的发展趋势和今后的研究方向可以归纳为以下几个方面：

（1）根据实际应用对象的测量需求，将成熟的单相流参数测量技术及测量仪表进行改进，使之适用于多相流化床检测。

（2）借助数值模拟方法，构建基于流场-电场耦合的动态多相流参数测量数值模型，准确模拟混合流体流动特性和测量系统性能之间的关系，为传感器选型、测量方法优化等提供重要指导。

（3）采用多种检测技术相融合的方式实现流化床检测。基于不同的测量原理，对各种传感器进行有效组合，结合多传感器数据融合技术开发相应的测量方法。该方法可为多相流参数测量提供便捷、有效的测量途径，且通过不同的组合可以适用于更多的流动状况。

（4）随着计算机技术和图像处理技术的发展，获取流化床二维、三维时空分布信息，应用基于静电的过程层析成像技术，对多相流局部空间区域进行微观和瞬态的测量。

（5）多相流流动过程是一个复杂多变的随机过程。随着随机过程理论和信息处理技术不断完善和发展，应用参数估计、数理统计、过程辨识和模式识别等理论和技术进行流化床参数估计的软测量方法将成为一个很重要的发展方向。

参考文献

[1] 王春雷. 气固流化床中静电对流体力学的影响机制及其调控研究气固流化床内细颗粒摩擦荷电和黏附特性研究 [D]. 哈尔滨工业大学，2021.

[2] Cheng Y，Lau D Y J，Guan G，et al. Experimental and numerical investigations on the electrostatics generation and transport in the downer reactor of a triple-Bed combined circulating fluidized bed[J]. Industrial and Engineering Chemistry Research，2012，51（51）：14258-14267.

[3] Sun J Y，Yan Y. Non-intrusive measurement and hydrodynamics characterization of gas–solid fluidized beds：a review[J]. Measurement Science and Technology，2016，27：112001.

[4] 董克增. 气固流化床中静电对流体力学的影响机制及其调控研究 [D]. 杭州：浙江大学，2015.

[5] 唐康敏. 高压静电场中粉尘粒子的电气性能 [M]. 北京： 化学工业出版社，2010.

[6] He C，Bi X T，Grace J R. Decoupling electrostatic signals from gas–solid bubbling fluidized beds[J]. Powder Technology，2015，290：11-20.

[7] 郭慕孙，李洪钟. 流态化手册 [M]. 北京：化学工业出版社，2008.

[8] Matsusaka S，Maruyama H，Matsuyama T，et al. Triboelectric charging of powders：a review[J]. Chemical Engineering Science，2010，65（22）：5781-5807.

[9] Ramos R G. Influence of particle size，fluidization velocity and relative humidity on fluidized bed electrostatics[J]. Journal of Electrostatics，1996，37：1-20.

[10] Moughrabiah W O，Grace J R，Bi X T. Effects of pressure，temperature，and gas velocity on

electrostatics in gas-solid fluidized beds[J]. Industrial and Engineering Chemistry Research，2009，48（1）：320-325.

[11] Sun J，Wang J，Yang Y，et al. Effects of external electric field on bubble and charged particle hydrodynamics in a gas–solid fluidized bed[J]. Advanced Powder Technology，2015，26：563-575.

[12] Zhao Y，Zhou F，Yao J，et al. Electrostatic charging of single granules by repeated sliding along inclined metal plates[J]. Journal of Electrostatics，2017，87：140-149.

[13] Yan Y，Hu Y，Wang L，et al. Electrostatic sensors – Their principles and applications[J]. Measurement，2021，169：108506.

[14] Fotovat F，Bi X T，Grace J R. Electrostatics in gas-solid fluidized beds： a review[J]. Chemical Engineering Science，2017，173：303-334.

[15] 王小鑫，胡红利，唐凯豪 . 电学法多相流测量技术 [M]. 北京： 中国石化出版社，2020.

[16] Law S E. Electrostatic induction instrumentation for tracking and charge measurement of airborne agricultural particulates[J]. Transactions of the ASAE，1975，18（1）： 40-45.

[17] Gajewski J B，Szaynok A. Charge measurement of dust particles in motion[J]. Journal of Electrostatics，1981，10： 229-234.

[18] Yan Y，Byrne B，Woodhead S，et al. Velocity measurement of pneumatically conveyed solids using electrodynamic sensors[J]. Measurement Science and Technology，1995，6（5）： 515-537.

[19] Xu C L，Wang S M，Tang G H，et al. Sensing characteristics of electrostatic inductive sensor for flow parameters measurement of pneumatically conveyed particles[J]. Journal of Electrostatics，2007，65（9）：582-592.

[20] Xu C L，Li J，Gao H M，et al. Investigations into sensing characteristics of electrostatic sensor arrays through computational modelling and practical experimentation[J]. Journal of Electrostatics，2012，70（1）： 60-71.

[21] 张帅，闫勇，钱相臣，等 . 用于气固两相流测量的方形静电传感器阵列建模及实验验证 [J]. 中南大学学报，2018，49（3）：114-121.

[22] Cui Y，Yuan H，Song X，et al. Model，design and testing of field mill sensors for measuring electric fields under high-voltage direct-current power lines[J]. IEEE Transactions on Industrial Electroncs，2018，65（1）：608-615.

[23] Zhu Y. Micro and Nano Machined Electrometers[M]. Singapore：Springer，2020.

[24] Low Level Measurements Handbook： Precision DC Current，Voltage，and Resistance Measurements[M]. 7th ed. Cleveland，OH：Keithley Instruments Inc，2016.

[25] Hu Y，Yan Y，Qian X，et al. A comparative study of induced and transferred charges for mass flow rate measurement of pneumatically conveyed particles[J]. Powder Technology，2019，356：715-725.

[26] Hu Y，Zhang S，Yan Y，et al. A smart electrostatic sensor for online condition monitoring of power transmission belts[J]. IEEE Transactions on Industrial Electrons，2017，64（10）：7313-7322.

[27] Spinelli E，Haberman M. Insulating electrodes： a review on biopotential front ends for dielectric skin-electrode interfaces[J]. Physiological Measurement，2010，31（2）：183-198.

[28] Prance H，Watson P，Prance R J，et al. Position and movement sensing at metre standoff distances using

ambient electric field，Measurement Science Technology[J]，2012，23（11）：115101.

[29] 胡凌云．基于电导波动信号混沌分析的气液两相流流型表征 [D]. 天津：天津大学，2006.

[30] 杨磊．循环流化床双床反应器中气固流动、流型及多尺度特性研究 [D]. 湘潭：湘潭大学，2018.

[31] 张擎．基于静电信号的气固流化床中颗粒运动的表征和颗粒荷质比的测量研究 [D]. 杭州：浙江大学，2016.

[32] 冯军．气固两相流参数检测算法研究 [D]. 武汉：武汉理工大学，2014.

[33] 张帅．基于静电传感器阵列的方形气力输送管道内粉体颗粒流动特性研究 [D]. 北京：华北电力大学，2018.

[34] 许南．流化床静电感应信号解析及外加电场作用研究 [D]. 杭州：浙江大学，2012.

[35] Qian X，Yan Y. Flow measurement of biomass and blended biomass fuels in pneumatic conveying pipelines using electrostatic sensor-arrays [J]. IEEE Transactions on Instrumentation and Measurement，2012，61（5）：1343-1352.

[36] 韩文兰．非线性混沌时间序列的特征提取及参数计算 [D]. 沈阳：沈阳航空航天大学，2011.

[37] Zhang W，Cheng X，Hu Y，et al. Online prediction of biomass moisture content in a fluidized bed dryer using electrostatic sensor arrays and the Random Forest method[J]. Fuel，2018，239：437-445.

[38] Xu C，Wang S，Yan Y. Spatial selectivity of linear electrostatic sensor arrays for particle velocity measurement[J]. IEEE Transactions on Instrumentation and Measurement，2013，62（1）：167-176.

[39] Zhang W，Wang C，Wang H. Hilbert–Huang transform-based electrostatic signal analysis of ring-shape electrodes with different widths[J]. IEEE Transactions on Instrumentation and Measurement，2012，61（5）：1209-1217.

[40] Peng L，Zhang Y，Yan Y. Characterization of electrostatic sensors for flow measurement of particulate solids in square-shaped pneumatic conveying pipelines[J]. Sensors and Actuators A：Physical，2008，141（1）：59-67.

[41] Zadeh L. Soft computing and fuzzy logic[J]. IEEE Softw，1994，11：48-56.

[42] Zarchan P，Musoff H. Fundamentals of Kalman Filtering：A Practical Approach，fourth ed.[J]. American Institute of Aeronautics and Astronautics，Reston，2015.

[43] Das S，Kumar A，Das B，et al. On soft computing techniques in various areas[C]. Proceedings of the National Conference on Advancement of Computing in Engineering Research，2013.

[44] Duca V，Brachi P，Chirone R，et al. Binary mixtures of biomass and inert components in fluidized beds：Experimental and neural network exploration[J]. Fuel，2023，346：128314.

[45] Yong Y，Wang L，Wang T，et al. Application of soft computing techniques to multiphase flow measurement：A review[J]. Flow Measurement and Instrumentation，2018，60：30-43.

[46] Zhang W，Cheng X，Hu Y，et al. Online prediction of biomass moisture content in a fluidised bed dryer using electrostatic sensor arrays and the Random Forest method[J]. Fuel，2019，239：437-445.

[47] Xu L，Zhou W，Li X，et al. Wet gas metering using a revised Venturi meter and soft-computing approximation techniques[J]. IEEE Transactions on Instrumentation and Measurement，2011，60.

[48] Wang L，Liu J，Yan Y，et al. Gas-liquid two-phase flow measurement using Coriolis flowmeters

incorporating artificial neural network, support vector machine and genetic programming algorithms[J]. IEEE Transactions on Instrumentation and Measurement, 2017, 66: 852-868.

[49] Wang X, Hu H, Zhang A. Concentration measurement of three-phase flow based on multi-sensor data fusion using adaptive fuzzy inference system[J]. Flow Meas. Instrum, 2014, 39: 1-8.

[50] Lari V, Shabaninia F. Error correction of a Coriolis mass flow meter in two-phase flow measurement using neuro-fuzzy[C]. Proceedings of the 16th CSI International Symposium on Artificial Intelligence and Signal Processing, 2012.

[51] Le Cun Y, Bengio Y, G Hinton. Deep learning[J]. Nature, 2015, 521: 436-444.

[52] Deng L, Yu D. Deep learning: methods and applications[J]. Foundations and Trends in Signal Processing, 2014, 7 (3-4): 1-199.

[53] Poletaev I E, Pervunin K S, Tokarev M P. Artificial neural network for bubbles pattern recognition on the images[J]. Journal of Physics: Conference Series. 2016, 754: 072002.

[54] Ezzatabadipour M, Singh P, Robinson M D, et al. Deep learning as a tool to predict flow patterns in two-phase flow[J]. arXiv preprint, 2017.

[55] Sun J, Yan Y. Non-intrusive measurement and hydrodynamics characterization of gas–solid fluidised beds: a review[J]. Measurement Science and Technology. 2016, 27 (11): 112001.

[56] Fotovat F, Bi X, Grace J. Electrostatics in gas-solid fluidised beds: A review[J]. Chemical Engineering Science, 2017, 173: 303-334.

[57] Mehrani P, Murtomaa M, Lacks D. An overview of advances in understanding electrostatic charge buildup in gas-solid fluidised beds[J]. Journal of Electrostatics, 2017, 87: 64-78.

[58] Fotovat F, Bi X, Grace J. A perspective on electrostatics in gas-solid fluidised beds: Challenges and future research needs[J]. Powder Technology, 2018, 329: 65-75.

[59] Matsusaka S, Maruyama H, Matsuyama T, et al. Triboelectric charging of powders: a review[J]. Chemical Engineering Science, 2010, 65 (22): 5781-5807.

[60] Fotovat F, Bi X T, Grace J R. Electrostatics in gas-solid fluidized beds: a review[J]. Chemical Engineering Science, 2017, 173: 303-334.

[61] Salama F, Sowinski A, Atieh K, et al. Investigation of electrostatic charge distribution within the reactor wall fouling and bulk regions of a gas–solid fluidized bed[J]. Journal of Electrostatics, 2013, 71 (1): 21-27.

[62] Pei C, Wu C, Adams M. DEM-CFD analysis of contact electrification and electrostatic interactions during fluidization[J]. Powder Technology, 2016, 304: 208-217.

[63] Chen A, Bi X, Grace J. Charge distribution around a rising bubble in a two-dimensional fluidized bed by signal reconstruction[J]. Powder Technology, 2007, 177 (3): 113-124.

[64] Sowinski A, Salama F, Mehrani P. New technique for electrostatic charge measurement in gas–solid fluidized beds[J]. Journal of Electrostatics, 2009, 67 (4): 568-573.

[65] Yan Y, Byrne B, Woodhead S R, et al. Velocity measurement of pneumatically conveyed solids using electrodynamic sensors[J]. Measurement Science and Technology, 1995, 6 (5): 515-537.

[66] Sun J, Yang Y, Zhang Q, et al. Online measurement of particle charge density in a gas-solid bubbling

fluidised bed through electrostatic and pressure sensing[J]. Powder Technology，2017，317： 471-480.

[67] Shi Q，Zhang Q，Han G，et al. Simultaneous measurement of electrostatic charge and its effect on particle motions by electrostatic sensors array in gas-solid fluidised beds[J]. Powder Technology，2017，312：29-37.

[68] Ma J，Yan Y. Design and evaluation of electrostatic sensors for the measurement of velocity of pneumatically conveyed solids[J]. Flow Measurement and Instrumentation，2016，11（3）： 195-204.

[69] Zhang W，Yan Y，Qian X，et al. Measurement of charge distributions in a bubbling fluidised bed using wire-mesh electrostatic sensors，IEEE Transactions on Instrumentation and Measurement. 2017，66（3）：522-534.

[70] Gajewski J. Non-contact electrostatic flow probes for measuring the flow rate and charge in the two-phase gas–solids flows[J]. Chemical Engineering Science，2006，61（7）： 2262-2270.

[71] Chen A，Willigen F，Ommen J，et al. Charge distribution around a rising bubble in a two-dimensional fluidized bed[J]. AIChE Journal，2006，52（1）： 174-184.

[72] He C，Bi X，Grace J. Monitoring electrostatics and hydrodynamics in gas–solid bubbling fluidised beds using novel electrostatic probes[J]. Industrial Engineering Chemistry Research[J]，2015，54（30）：8333-8343.

[73] He C，Bi X，Grace J. Simultaneous measurements of particle charge density and bubble properties in gas-solid fluidised beds by dual-tip electrostatic probes[J]. Chemical Engineering Science，2015，123：11-21.

[74] Yang Y，Zhang Q，Zi C，et al. Monitoring of particle motions in gas-solid fluidized beds by electrostatic sensors[J]. Powder Technology，2017，308：461-471.

[75] Zhang W B，Yan Y，Yang Y，et al. Measurement of flow characteristics in a bubbling fluidized bed using electrostatic sensor arrays[J]. IEEE Transactions on Instrumentation and Measurement，2016，65：703-712.

[76] Qian X C，Yan Y，Huang X B，et al. Measurement of the mass flow and velocity distributions of pulverized fuel in primary air pipes using electrostatic sensing techniques[J]. IEEE Transactions on Instrumentation and Measurement，2017，66：944-952.

[77] 张擎 . 基于静电信号的气固流化床中颗粒运动的表征和颗粒荷质比的测量研究 [D]. 杭州：浙江大学，2016.

[78] 许南，黄正梁，王靖岱，等 . 基于感应式静电传感器的流化床中颗粒循环时间的测量 [J]. 化工学报，2012，63（5）： 1391-1397.

[79] Zhang W B，Cheng Y，Wang C，et al. Investigation on hydrodynamics of triple-bed combined circulating fluidized bed using electrostatic sensor and electrical capacitance tomography[J]. Industrial and Engineering Chemistry Research，2013，52（32）：11198-11207.

[80] Sun J Y，Yan Y. Characterisation of flow intermittency and coherent structures in a Gas-Solid Circulating Fluidised Bed through Electrostatic Sensing[J]. Industrial and Engineering Chemistry Research[J]，2016，55（46）：12133-12148.

[81] Sun J Y，Yan Y. Non-intrusive Characterisation of Particle Cluster Behaviours in a Riser through

Electrostatic and Vibration Sensing[J]. Chemical Engineering Journal, 2017, 323: 381-395.

[82] Zhang W B, Wang T Y, Liu Y Y, et al. Particle velocity measurement of binary mixtures in the riser of a circulating fluidized bed by the combined use of electrostatic sensing and high-speed imaging[J]. Petroleum Science, 2020, 17 (4): 1159-1170.

[83] Zhang W, Cheng Y, Wang C, et al. Investigation on hydrodynamics of triple-bed combined circulating fluidised bed using electrostatic sensor and electrical capacitance tomography[J]. Ind. Eng. Chem. Res. 52 (2013): 11198-11207.

[84] Zhang W, Yan Y, Yang Y, et al.Measurement of flow characteristics in a bubbling fluidised bed using electrostatic sensor arrays, IEEE Trans. Instrum. Meas. 65 (2016): 703-712.

[85] Yao Y, Zhang Q, Zi C, et al. Monitoring of particle motions in gas-solid fluidised beds by electrostatic sensors, Powder. Technol. 308 (2017): 461-471.

[86] Sun J, Yan Y. Characterization of flow intermittency and coherent structures in a gas–solid circulating fluidised bed through electrostatic sensing[J]. Ind. Eng. Chem. Res. 55 (2016): 12133-12148.

[87] Fotovat F, Bi X T, Grace J R. A perspective on electrostatics in gas-solid fluidised beds: Challenges and future research needs[J]. Powder Technology, 2018, 329: 65-75.

[88] Choi K, Taghavivand M, Zhang L F. Experimental studies on the effect of moisture content and volume resistivity on electrostatic behaviour of pharmaceutical powders[J]. International Journal of Pharmaceutics, 2017, 519: 98-103.

[89] Taghavivand M, Choi K, Zhang L F. Investigation on drying kinetics and tribocharging behaviour of pharmaceutical granules in a fluidised bed dryer[J]. Powder Technology, 2017, 316: 171-180.

[90] Nguyen T, Nieh S. The role of water vapour in the charge elimination process for flowing powders[J]. Journal of Electrostatics, 1989, 22: 213-227.

[91] Portoghese F, Berruti F, Briens C. Continuous on-line measurement of solid moisture content during fluidised bed drying using triboelectric probes[J]. Powder Technology, 2008, 181: 169-177.

[92] Li Y, Jahanmiri M, Careaga F S, et al. Applications of electrostatic probes in fluidized beds[J]. Powder Technology, 2020, 370: 64-79.

[93] Zhang W B, Cheng X F, Hu Y H, et al. Measurement of moisture content in a fluidised bed dryer using an electrostatic sensor array[J]. Powder Technology, 2018, 325: 49-57.

[94] Qian X C, Yan Y, Wu S T, et al. Measurement of velocity and concentration profiles of pneumatically conveyed particles in a square-shaped pipe using electrostatic sensor arrays[J]. Powder Technology, 2021, 377: 693-708.

第 3 章
数字图像处理技术

数字图像处理，作为一项前沿技术，涉及运用计算机手段对图像进行精细化的操作与转换。其核心环节广泛涵盖了图像的采集、高效表示与视觉呈现，旨在恢复图像质量，增强其视觉效果，通过分割技术区分图像中的不同对象，进而深入分析图像内容，乃至重建图像以适应特定需求，并采用压缩编码技术优化存储与传输效率。这项技术已深深植根于所有与成像技术相关的领域，成为推动行业进步的关键力量。当前，数字图像处理技术正处于迅猛发展的黄金时期，其应用范围不断拓展，触及日常生活的每一个角落。值得一提的是，随着人工智能技术的蓬勃兴起，特别是深度学习算法的广泛应用，数字图像处理领域迎来了革命性的飞跃。通过深度学习方法，图像分类、目标精准检测以及图像分割等复杂任务得以实现自动化与智能化处理，不仅极大地提高了处理速度与准确性，还激发了数字图像处理技术无限的创新潜力。目前的数字图像处理技术可以分为深度学习崛起之前的传统计算机视觉技术和基于深度学习的图像处理技术[1]。

近年来，这两种图像处理方法持续演进，展现出蓬勃的生命力。本章聚焦于这两种前沿技术，旨在深入探讨它们在流化床测量领域的具体应用，剖析各自在检测颗粒、团聚物及气泡特性参数方面的优势与局限。本章分别阐述了图像处理技术在流化床颗粒测量和气泡测量方法的研究现状，并探讨了目前计算机视觉在流化床测量中的应用瓶颈和展望。

3.1 计算机视觉技术

数字图像处理是通过计算机处理数字图像的研究领域。值得注意的是，数字图像由有限数量的元素组成，每个元素都有独特的位置和数值。这些元素被称为画像元素（picture element）、图像元素（image element）和像素（pixel），其中像素是定义数字图像元素时使用最广泛的术语。图像在人类感知体系中占据核心地位，尽管人类视觉局限于可见光谱，但现代成像技术却能跨越整个电磁波谱，涵盖从伽马射线至无线电波的广泛范围，并处理超声波、电子显微镜图像乃至计算机生成的虚拟图像。近年来，受仿生学启发，视频采集技术模仿人眼视网膜机制，实现了快速响应、数据高效过滤、低功耗及宽动态范围等特性，显著拉近了与生物视觉系统的距离。人眼通过空间布局、色彩识别、形状判断及运动追踪等多维度感知信息，如今，得益于AI算法、光学与电子元件的飞速进步，计算机视觉技术已初步具备类似人眼的复杂感知能力，包括距离感知、形状识别、目标定位及运动分析，为人工智能技术全面赋能奠定了坚实基础。

计算机视觉就是给计算机提供一双眼睛，并依靠人工智能的算法去教会计算机如何使用眼睛获取有用信息。通过视觉观察、理解世界，具有自主适应环境的能力，识别（检索，跨模态）、检测、分割、跟踪列算法的控制。计算机视觉的发展主要经历了5个阶段，第1阶段称为计算视觉[2]，第2阶段是主动和目的视觉[3]，第3阶段是分层三维重建理论[4]，第4阶段是基于学习的视觉，第5阶段是成熟与广泛应用阶段，如图3-1所示[5]。

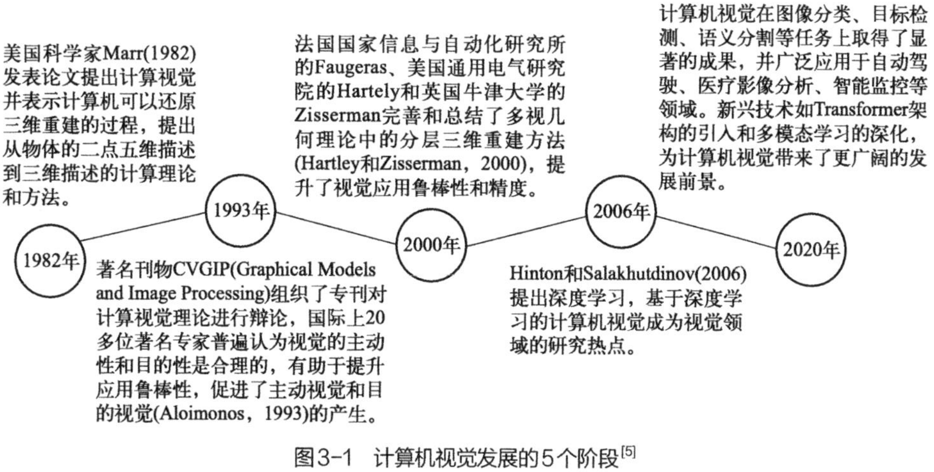

图3-1　计算机视觉发展的5个阶段[5]

图像处理和计算机视觉之间并没有明确的划分边界，但可视为一个连续的计算机处理链条，其中低、中、高级处理构成了分类框架。低级处理包括原始操作，例如降低噪声的图像预处理、对比度增强和图像锐化。这些操作的特点是输入与输出通常都是图像。中级处理涵盖了一系列任务，如分割（将图像分为区域或目标），对目标进行描述，将其转化为适合计算机处理的形式，并对单个目标进行分类（识别）。中级处理的特点是，输入通常是图像，而输出是从这些图像中提取的特征，如边缘、轮廓和单个目标的特性。最后，高级处理包括对识别的目标进行整体理解，类似于图像分析以及在连续的统一体中的远端，执行通常与人类视觉相关的认知功能。流化床等多相流参数测量对计算机视觉技术的需求很大，视觉系统取代人工检测是智能制造发展进程中的必然趋势。

由于深度学习的发展，基于深度学习的视觉成为计算机视觉的研究热点。基于深度学习的计算机视觉方法通过训练大量的样本数据，得到一个带有特征参数的模型，通过特征参数进行分类预测完成任务，效果显著。这种“黑箱式”的端到端算法将传统计算机视觉的复杂多样方法简化并提高了准确率。本节介绍了传统的数字图像处理方法和基于学习的计算机视觉算法。

3.1.1 传统数字图像处理方法

传统数字图像处理方法是指在数字图像领域中早期和经典的一系列技术和方法，这些方法主要关注对图像进行基本的处理、增强和分析。这些方法主要应用于静态图像，而在当今技术飞速发展的时代，逐渐被深度学习等新兴方法取代。然而，了解传统数字图像处理方法对于理解图像处理的基本原理和历史演变仍然十分重要。

3.1.1.1 图像获取与表示

传统数字图像处理的第一步是图像的获取与表示。图像通常以矩阵形式表示，其中每个元素代表图像中的一个像素。在此阶段，涉及的技术包括图像采集、数字化和量化。数字图像是由离散的像素组成的，每个像素包含有关图像中某一位置的信息，例如亮度或颜色。

3.1.1.2 空域处理

空域处理是在图像的像素级别进行操作的方法。常见的空域处理包括图像平滑、锐化、灰度转换等。其中，图像平滑通过应用低通滤波器来降低图像中的噪声，而图像锐化则通过高通滤波器来增强图像的边缘。

3.1.1.3 频域处理

频域处理是在图像的频率域上进行操作的方法，通常通过傅里叶变换来实现。这种方法的核心思想是将图像从空间域转换到频率域，以便更好地理解和处理图像。常见的频域处理包括滤波、谱分析等。

3.1.1.4 图像增强

图像增强是通过对图像进行变换以改善其视觉质量或提取更有用信息的过程。传统的增强方法包括直方图均衡化、对比度拉伸和色彩平衡等。这些方法旨在调整图像的灰度级别分布，以获得更好的视觉效果。

3.1.1.5 图像分割

图像分割是将图像划分为不同的区域或对象的过程。传统图像分割方法包括阈值分割、区域生长、边缘检测等。这些方法可以用于识别图像中的物体边界，从而为进一步分析和识别提供基础。

3.1.1.6 特征提取与描述

在图像处理中，特征提取是指从图像中提取出对于问题解决或图像理解有意义的信息。传统的特征提取方法包括形状特征、纹理特征、颜色特征等。这些特征可以用于图像分类、目标检测等应用。

3.1.1.7 彩色图像处理

传统的数字图像处理也涉及彩色图像的处理。在彩色图像中，每个像素包含多个通道的信息，例如红色、绿色和蓝色。传统的彩色图像处理方法包括颜色空间转换、彩色平衡、色彩增强等。

3.1.1.8 数字图像压缩

数字图像压缩是为了减小图像文件的存储空间而采取的一系列技术。传统压缩方法包括基于无损和有损的压缩算法。无损压缩能够确保解压后的图像与原始图像完全一致，但压缩比相对较小。而有损压缩则通过牺牲部分图像信息来获取更高的压缩比，广泛应用于数字电视、图像传输和多媒体等领域。

3.1.2 基于深度学习的计算机视觉方法

随着深度学习技术的发展，机器计算能力的提升以及海量视觉数据的涌现，计算机视觉技术在许多应用领域如拍照搜索、相片分类、人脸识别、车牌识别、医学图像处理等都取得了令人瞩目的成绩。深度学习的快速发展和设备能力的改善（如算力、内存容量、能耗、图像传感器分辨率和光学器件）提升了视觉应用的性能和成本效益，并进一步加快了此类应用的扩展。

深度学习是机器学习的一个重要发展分支。深度学习所基于的神经网络技术最早起源于二十世纪中期，当时被称为“感知机”。这种单层的“感知机”结构简单，仅仅支持对线性可分函数的学习，无法解决逻辑性等不可分的复杂问题，这也激励着研究学者不断研究和创新出现如今可以有效解决复杂问题的多层“感知机”。二十世纪末，反向传播算法（back propagation，BP）的出现为机器学习带来了新的活力，形成了最初的多层感知机模型。BP强大的学习能力使得感知机能从样本数据中去学习统计规律，实现对未知事件的预测功能。

二十一世纪初期，Jeffrey Hinton团队针对训练梯度消失问题，正式提出和应用深度学习。深度学习框架灵活，根据不同的学习任务，衍生出许多具有针对性的算法模型。其中强化学习（reinforcement learning，RL）[6]、生成式对抗网络（generative adversarial networks，GAN）[7]以及卷积和循环神经网络（convolutional/recurrent neural networks，CNN&RNN）[8,9]是最具代表性的几种主流算法模型，其中CNN最常用于目标检测任务中。与传统计算机视觉技术相比，深度学习可以帮助计算机视觉工程师在图像分类、目标检测、语义分割等任务上获得更高的准确率。下面将详细介绍针对流化床测量当中应用到的目标检测及图像分割的相关任务及算法。

3.1.2.1 目标检测

目标检测任务主要用于对图像或视频中所关注目标的检测和定位。最初的目标检测模型基本依靠手工设计来完成特征提取工作，如利用维奥拉-琼斯（Viola-Jones）检测器、方向梯度直方图（HOG）等[10]，但这些模型参数繁琐、运行速度慢且准确率很低，特别是在数据集验证和测试上均表现得差强人意。卷积神经网络（CNN）的出现，改变了学者们对计算机视觉原有的认知，拓宽了解决计算机视觉领域任务的路径，丰富和提高了目标检测任务的方法和效率。如今，随着其性能不断完善，目标检测技术在全球各个领域得到的关注度也越来越高，主要应用于视频目标检索、智能驾驶、故障缺陷检测等多个领域。

目标检测是在获取目标类别（可以是单类别也可以是多类别）之外，可进一步获取目标的其他特征信息，如利用目标检测获取目标位置（检测框坐标）、目标个数等等。检测任务的训练是一种有监督学习的问题，通过划分的实例对象的标注信息完成训练任务，然后再基于各种评估标准对训练后的模型做出评价，以此不断完善和优化最终的检测性能。虽然目标检测的性能在卷积神经网络的发展下不断进步，但仍会受到一些主客观因素的影响：由遮盖、光线亮度不均、扭曲变形等物理客观因素产生的目标变形；人工获取数据集时对专业工具操作不善而产生的低质量数据；随着检测任务难度和高实时性需求不断上升，难以承担大型计算的硬件设备等。

目标检测常用算法包括快速区域卷积神经网络（Faster RCNN）、YOLO系列算法、SSD等。

（1）Faster RCNN　Faster RCNN于2016年由Ross B等学者提出并应用。其在以往R-CNN系列基础上进行了简化计算、特征图共享等一系列改进，其主要结构如图3-2所示。

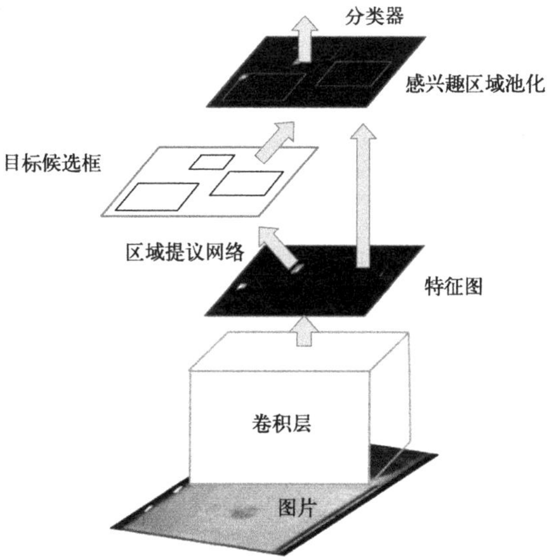

图3-2　Faster RCNN结构图[11]

Faster RCNN是一种用于对象检测的深度神经网络架构，其结构主要包括以下几个部分。

特征提取部分（卷积层）：这一部分是Faster RCNN的基础，通常采用预先训练的卷积神经网络（如VGG或ResNet）来提取输入图像的特征，生成特征图（feature map）。这些特征图将被后续的网络层共享使用。

区域提议网络（region proposal network，RPN）：RPN是Faster RCNN的核心创新之一，它接收特征图作为输入，并在其上生成多个候选区域（也称为感兴趣区域

RoI或proposals）。RPN通过滑动窗口的方式在特征图上应用多个不同尺度和宽高比的锚点（anchors），然后使用分类器判断这些锚点是否包含目标物体（即前景或背景），并通过边界框回归（bounding box regression）修正锚点的位置，以获得更精确的候选区域。

RoI Pooling层：RoI Pooling层的作用是将RPN生成的候选区域从特征图中映射出来，并将这些区域池化（pooling）成固定大小的特征图，以便后续的全连接层处理。这一步骤确保了无论候选区域的大小如何，其对应的特征图都具有相同的维度。

分类与回归部分：最后，Faster RCNN使用全连接层对RoI Pooling层输出的特征图进行分类和边界框回归。分类器预测候选区域中物体的类别，而边界框回归则进一步修正候选区域的位置，以获得最终的检测框。

总的来说，Faster RCNN通过特征提取、区域提议、RoI Pooling和分类与回归等步骤，实现了对图像中物体的精确检测。其结构紧凑且高效，广泛应用于计算机视觉领域中的对象检测任务。

（2）YOLO　YOLO是一种基于小型卷积网络模块的深度学习算法模型，可实现目标分类、检测与识别等多种任务，具有框架灵活、可重塑性高等优点。YOLO对于任务的细节处理非常巧妙，总结所有算法模型的优点为其所用并改进加强，如利用多任务损失来优化模块误差损失，提高模型检测精度；通过设计非极大值抑制减少模型对期望目标的重复检测，提高模型检测效率；优化网络层级结构来提高模型检测速度；等等。在最初的目标检测任务之中，以R-CNN为首的两阶段（two-stage）类算法独占鳌头，引领目标检测技术不断进步。随着YOLO的问世，其与R-CNN等系列算法之间的差异日趋明显，YOLO摒弃了两阶段的设计，跳过寻找疑似目标候选框步骤，将检测与分类任务并为一步处理，使得计算机对图像数据“扫一眼”便可顺利完成检测任务，YOLO（You Only Look Once）之名也因此而来。

YOLOv1[11]算法在2015年被提出。首先，将图像尺寸调整到固定尺寸（如448×448像素）作为神经网络的输入，然后运行神经网络，将图像等分成若干网格（grid），每个网格都被作为预测对象向网络提供候选框坐标和所含目标置信度、坐标位置及其几何尺寸等详细信息。预测框评分在综合所有grid的预测结果后而得到，预测框评分受模型阈值限制而最终留下不低于阈值设计的预测框，最后通过非极大值抑制处理，获得目标的检测框与分类等信息。

2017年，随着检测任务对模型高精度实际需求，YOLOv2在v1的基础上改进提出，引入偏移量来衡量和改善检测目标与候选框之间的位置差异，代替v1中对目标简单地进行中心点和宽高等参数的预测，以偏移量来实现对模型整体误差的调控，从而提高了最终的检测精度。

针对复杂目标检测困难问题，YOLOv3优化了对特征的提取结构，将特征金字塔结构（FPN）融合至v2中，在网络检测头区域设定了针对不同尺寸目标的预测框，提升了模型对复杂目标的综合检测性能。在综合分析YOLOv1~v3设计的优缺点基础上，YOLOv4将重点放在了对数据的处理之上，针对数据集不易采集、模型泛化性能不高等问题，v4借鉴了几乎所有可用的数据增强方法，创新性地提出了一种基于Mosaic（马赛克）与自对抗训练数据增强方法，YOLOv4的问世集成了几乎所有目标检测算法的优势，为YOLO系列算法带来了强大的生命力。

相比于YOLOv4，YOLOv5在网络主干部分设计添加了一种Focus切片结构，改善了网络对原始图像数据特征的提取效率。针对CSP结构在网络层级间的不同功能，YOLOv5对其进行了优化改进，旨在增强网络对特征的融合能力。在输出端，YOLOv5对损失函数进行了重新设计，引入了对检测效果反馈更加灵敏的GIOU_Loss函数实现对边界框信息的高效反馈，同时一改YOLO系列简单的非极大值抑制方法，引入加权思想，提升了对复杂分布、高重合性目标的检测性能。YOLOv5在目标检测模型的灵活性与运行速度方面远强于过去的算法。对于不同的检测任务，v5还衍生出几种不同参数组合的灵活结构，如YOLOv5n、YOLOv5s、YOLOv5m、YOLOv5l、YOLOv5x等。灵活的框架结构使其在项目模型快速部署方面占据极大优势地位，凭着网络泛化性能优异、权重迁移性能强等特点，在医学、加工业、轨道交通、卫星图像等目标检测应用领域上都有着突出表现，具有极强的应用前景。同时，其也是一种可以满足流化床床层气泡检测的高精准性、实时性需求的可靠方法。

近几年，YOLO系列不断发展，感兴趣的读者可以自行查阅相关资料。YOLO的主要贡献是为目标检测提供了另外一种思路，并使实时目标检测成为可能。

（3）SSD　SSD算法属于一阶段检测算法，检测精度与同期两阶段检测算法接近，在保持高实时速度性能的同时，附加的辅助结构为其性能的提高带来了不小的帮助。SSD辅助结构采取在模型末尾缩小辅助卷积层大小的策略来达到加快检测速度的目的，但SSD会在进程中较早地检测细小对象，因此对特征细节处理不是很理想，很难精准检测微小目标。SSD算法的基础网络框架为VGG16[12]。

VGG是一种使用小型卷积滤波器构建不同深度网络的主干结构，这种结构不仅帮助网络获取了更大的感受野，在参数设计方面也非常精巧，减少了大量的网络参数，从而使得网络的收敛速度更快。其性能一度超越了GoogLeNet等优越的主干网络，一跃成为目标检测领域中最受欢迎的主干框架之一。

3.1.2.2 图像分割

图像分割可以分为实例分割和语义分割。借助深度学习技术作为处理流化床中气泡数据的手段，可以准确且高效地记录气泡运动行为规律和形态变化。

（1）实例分割 Mask RCNN算法是一种设计性非常灵活的网络框架，通过设计不同分支可实现多种任务，是常见的实例分割方法，整体架构如图3-3所示[13]。

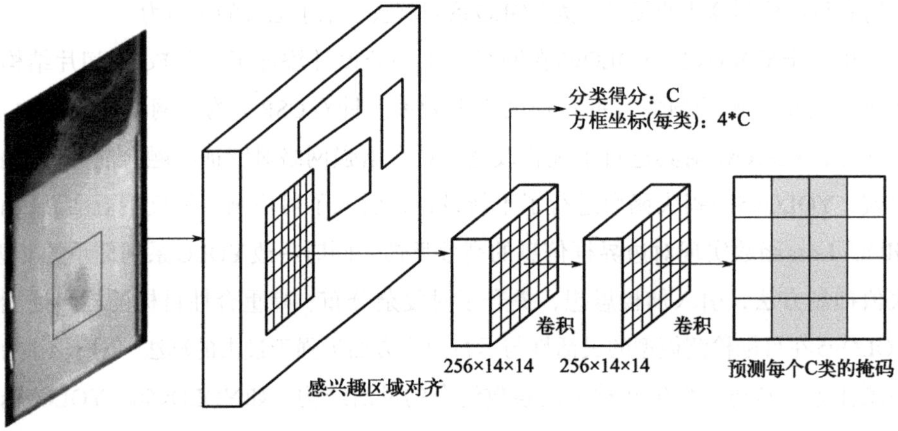

图3-3 Mask RCNN结构图[13]

Mask RCNN设计灵感来自Faster RCNN，在Faster RCNN的算法基础上融合了FCN网络的掩膜结构（object mask），且优化了RoI Pooling层的运算方法，以RoI Align的双线性插值法替代原取整运算，利用该方法所获取的固定坐标点像素值与原图在像素点上的差异更小，解决了掩膜结构与原数据图像中目标未对齐的问题，使得结果返回时与原数据图更接近。

（2）语义分割 语义分割（semantic segmentation），作为计算机视觉理解系统的一项基本任务，旨在为图像中的每个像素分配一个唯一的标签来完成像素级的分类预测（图3-4），是利用计算机智能化分析理解图像含义的一种有效手段。实际生产生活中，存在大量应用场景需要从图像数据中提取感兴趣的语义信息，例如医学影像病灶诊断、辅助驾驶、卫星图像定位等研究领域[14-17]。

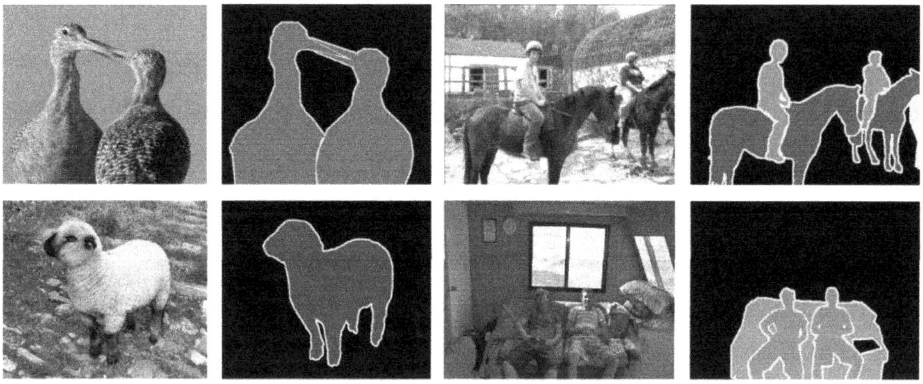

图3-4　语义分割示意图

（四组例子来自用于语义分割任务的公开，数据集PASCAL VOC和MS COCO）[18]

DeepLab系列（包括V1、V2、V3、V3+）是经典的语义分割网络。因此，针对流化床气泡图像的特征，即背景单一且噪声大、目标单一但气泡尺度多样形状各异、分布或零散或密集等，采用DeepLab V3+来进行气泡区域分割。DeepLab V3+具有编码器和解码器两大部件，编码器负责从图像中编码获得低分辨率的深层特征，而解码器负责在不损失重要语义信息的情况下恢复图像的分辨率，从而实现感兴趣区域（气泡）的语义分割。用于气泡分割的DeepLab V3+网络结构如图3-5所示[18]。

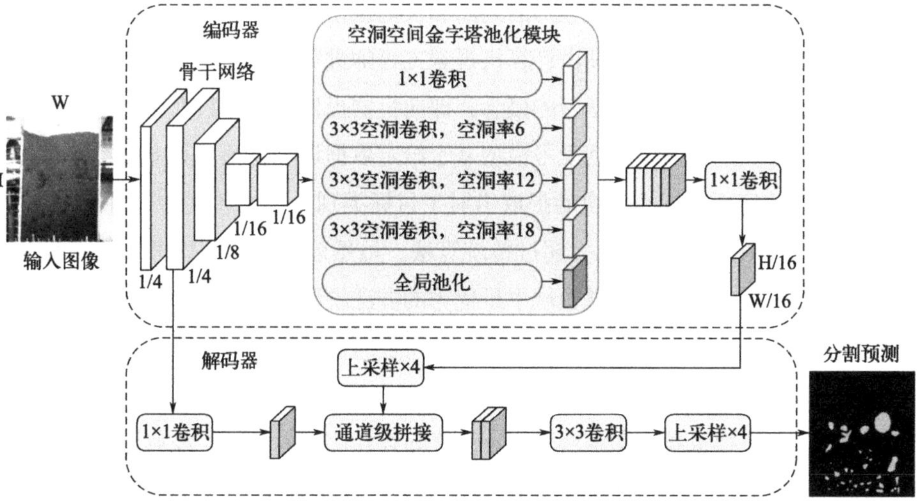

图3-5　DeepLab V3+网络结构图[18]

编码器采用ResNet为骨干网络来提取深层语义信息，通过设置卷积神经网络的步长得到空间尺度分别为原图的1/4、1/4、1/8、1/16、1/16 的特征图。然后通过空洞空间金字塔池化模块（ASPP）来实现多尺度信息的整合。ASPP模块利用多个具有不同空洞率（分别为6、12、18）的空洞卷积分支以及全局池化操作来捕捉多种尺度的目标，这非常适合对气泡区域的感知。经过编码器获得空间尺度为原图的1/16的特征图。不同于前三个版本的DeepLab网络采用暴力的方式直接将深层特征通过16倍上采样进行解码，DeepLab V3+设计了专门的解码器来实现更加细致的解码过程。该解码器同时融合了来自浅层的具有空间信息的特征和深层语义信息来进行分步解码。

3.1.2.3　对比传统图像处理方法和深度学习方法

传统计算机视觉方法使用成熟的计算机视觉技术处理目标检测问题，如特征描述子（SIFT、SUR、BRIEF等）。在深度学习兴起前，图像分类等任务需要用到特征提取步骤，特征即图像中描述性或信息性的小图像块。这一步可能涉及多种计算机视觉算法，如边缘检测、角点检测或阈值分割算法。从图像中提取出足够多的特征后，这些特征可形成每个目标类别的定义。部署阶段中，在其他图像中搜索这些定义。如果在一张图像中找到了另一张图像词袋中的绝大多数特征，则该图像也包含同样的目标。

传统计算机视觉方法的缺陷是：从每张图像中选择重要特征是必要步骤。而随着类别数量的增加，特征提取变得越来越麻烦。要确定哪些特征最能描述不同的目标类别，取决于计算机视觉工程师的判断和长期试错。此外，每个特征定义还需要处理大量参数，所有参数必须由计算机视觉工程师进行调整。

深度学习引入了端到端学习的概念，即向机器提供的图像数据集中的每张图像均已标注目标类别。因而深度学习模型基于给定数据训练得到，其中神经网络发现图像类别中的底层模式，并自动提取出对于目标类别最具描述性和最显著的特征。人们普遍认为DNN的性能大大超过传统算法，虽然前者在计算要求和训练时间方面有所取舍。随着计算机视觉领域中最优秀的方法纷纷使用深度学习，计算机视觉工程师的工作流程出现巨大改变，手动提取特征所需的知识和专业技能被使用深度学习架构进行迭代所需的知识和专业技能取代（图3-6）。

传统计算机视觉技术和深度学习方法之间存在明确的权衡。经典计算机视觉算法成熟、透明，且为性能和能效进行过优化；深度学习提供更好的准确率和通用性，但消耗的计算资源也更大。混合方法结合传统计算机视觉技术和深度学习，兼

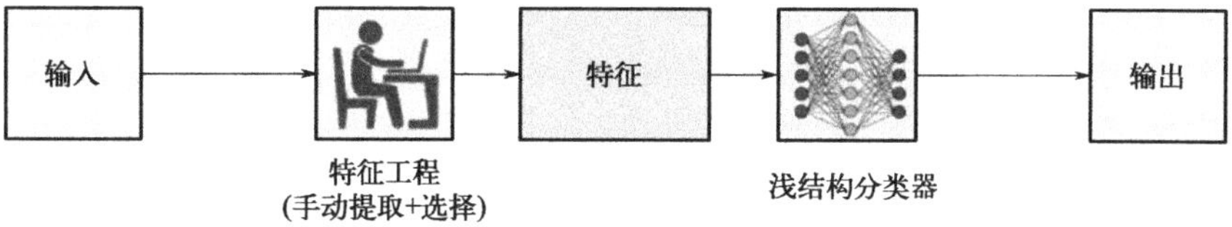

(a) 传统计算机视觉工作模式

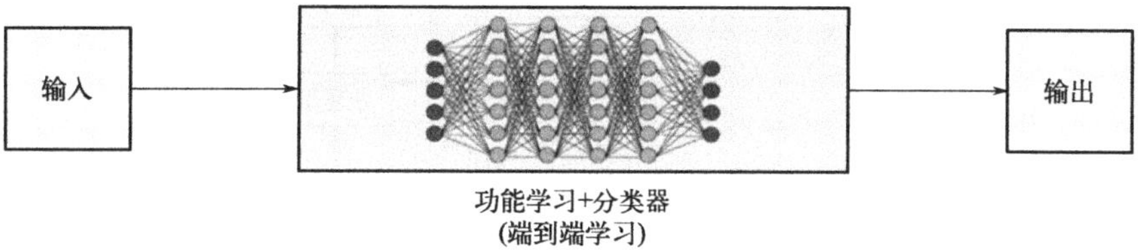

(b) 深度学习工作模式

图3-6 图像处理工作模式[19]

具这两种方法的优点。它们尤其适用于需要快速实现的高性能系统。机器学习度量和深度网络的混合已经非常流行，因为这可以生成更好的模型。混合视觉处理实现能够带来性能优势，且将乘积累加运算减少到深度学习方法的1/1000 ~ 1/130，帧率相比深度学习方法有10倍提升。此外，混合方法使用的内存带宽仅为深度学习方法的1/2，消耗的CPU资源也少得多。

3.2 计算机视觉的测量系统

一个典型的计算机视觉系统包括图像捕捉、光源系统、图像数字化模块、数字图像处理模块、智能判断决策模块和机械控制执行模块。通过计算机视觉产品（即图像摄取装置，分CMOS和CCD两种）将被摄取目标转换成图像信号，传送给专用的图像处理系统，根据像素分布和亮度、颜色等信息，转变成数字化信号；图像系统对这些信号进行各种运算来抽取目标的特征，进而根据判别的结果来控制现场的设备动作。

完整的工业视觉测量系统主要包含图像采集部分和图像分析部分，而图像采集部分主要由工业相机、工业镜头以及计算机视觉光源承担，如图3-7所示。智能制造工业检测领域中需要相机拍摄图像以进一步通过计算机视觉技术完成处理分析，在针对某物体的图像采集过程中，相机、镜头的配置会直接影响成像的效果，通过调试可确定最优的相机、镜头配置。同时，外加光源可以有效地减弱环境光对图像采集的干扰，保证一系列图像的稳定性，也能调整得到适合工业检测的特定光照。

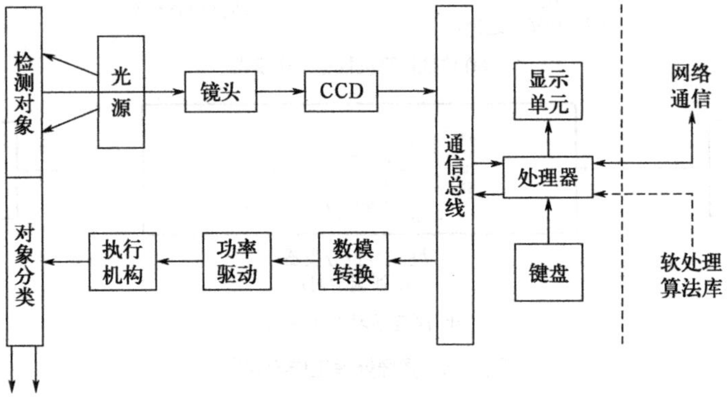

图3-7　计算机视觉测量系统

下面，分别介绍几个重要的组成部分。

3.2.1　工业相机

工业相机又俗称摄像机（图3-8），相比于传统的民用相机（摄像机）而言，它具有高的图像稳定性、高传输能力和高抗干扰能力等，目前市面上的工业相机大多是基于感光耦合组件（charge coupled device，CCD）或互补金属氧化物半导体（complementary metal oxide semiconductor，CMOS）芯片的相机。

图3-8　工业相机

CCD是目前计算机视觉最为常用的图像传感器。它集光电转换及电荷存贮、电荷转移、信号读取于一体，是典型的固体成像器件。CCD的突出特点是以电荷作为信号，而不同于其他器件是以电流或者电压为信号。这类成像器件通过光电转换形成电荷包，而后在驱动脉冲的作用下转移、放大输出图像信号。典型的CCD相机由光学镜头、时序及同步信号发生器、垂直驱动器、模拟/数字信号处理电路组成。CCD作为一种功能器件，与真空管相比，具有无灼伤、无滞后、低电压工作、低功耗等优点。

CMOS图像传感器的开发最早出现在20世纪70年代初，90年代初期，随着超大规模集成电路制造工艺技术的发展，CMOS图像传感器得到迅速发展。CMOS图像传感器将光敏元件阵列、图像信号放大器、信号读取电路、模数转换电路、图像信号处理器及控制器集成在一块芯片上，还具有局部像素的编程随机访问的优点。目前，CMOS图像传感器以其良好的集成性、低功耗、高速传输和宽动态范围等特点在高分辨率和高速场合得到了广泛的应用。

3.2.2 镜头

计算机视觉系统非常复杂。即使在简单的系统中，硬件和软件也可以协同工作以产生结果。尽管有许多重要组成部分，但镜头至关重要，因为它可以捕获最终将由软件重新创建的数据。它可以定位图像特征，保持焦点并最大化对比度。但是，它在各种规格下运行，要实现计算机视觉系统的优化呈现，必须使用能产生最佳性能的镜头。镜头的基本功能就是实现光束变换（调制）。在计算机视觉系统中，镜头的主要作用是将成像目标在图像传感器的光敏面上。镜头的质量直接影响到计算机视觉系统的整体性能，合理地选择和安装镜头，是计算机视觉系统设计的重要环节。

3.2.3 照明光源

在视觉系统中，图像质量至关重要，恰当选择光源是构建优质图像的关键，它不仅能直观提升图像效果，还能有效简化后续处理算法，增强系统整体的稳定性和可靠性。过度曝光会遮蔽图像中的关键信息，而阴影则可能误导边缘检测，造成误判；图像光照不均匀则会极大地增加阈值设定的难度，影响图像分析的准确性。因此，优化光源选择对于确保视觉系统性能至关重要。在工业测量领域，用于检测的图像需要尽量保持同类物体的图像特征相似，但在采集过程中，图像难免会受到环境因素的影响，尤其是光照不均匀问题。光照不均匀会导致图像轮廓的亮度、灰度等有不同的表现，不利于同类物体图像的特征分析。反之，控制好光照可以大大增强同类图像特征的一致性及不同类图像的差异性。因此要保证有较好的图像效果，就必须要选择一个合适的光源。目前，视觉系统中备受推崇的理想光源包括高频荧光灯、光纤卤素灯、氙气灯以及LED光源，其中，LED光源因其卓越的性能与广泛的应用范围而成为了最为常见的选择。

3.3 基于图像处理的颗粒速度测量技术

3.3.1 测量方法

粒子图像测速法（particle image velocimetry，PIV）是一种非侵入式、高精度和多点测量（场测量）的颗粒速度测量方法，用于获取流化床内固体颗粒的流场信息。该技术的基本原理是基于进入流场的颗粒在流场中的运动轨迹以及对光的散射效应。通过记录示踪颗粒在不同时刻在流场中位置的光学成像（PIV图像），再利用图像分析技术计算各点的位移，可以获取流场中各点的流速矢量，并计算其他运动参量，获得流场速度矢量图、速度分量图、流线图和旋度图等。PIV技术综合了激光流速计的精确性和流动显示技术的整体性与瞬时性，一次性测量了成千上万个点的速度值，为研究流场的精细结构提供了有效手段。

PIV系统主要由CCD相机、光源和安装了图像处理软件的计算机组成（图3-9），可根据应用场合适当调整PIV系统的配置[20]。PIV方法利用高强度的连续光源照射颗粒流，同时采用高速相机连续捕获数字粒子图像[12]。运用图像处理技术对采集的数字图片进行灰度变化、滤波、腐蚀、变形、二值化等一系列处理，得到每张图像上颗粒的位置信息。然后将每张图像分段，根据颗粒面积确定所需面元的大小，并计算该界面上颗粒的体积分数。计算颗粒速度时，流场被分为若干观察区域，观察区内的示踪粒子构成粒子群。

从粒子图像中计算速度场的软件算法主要有互相关法[21]和变分光流法[22]。互相关法通过提取图像对应的2个查询窗口来执行互相关计算，搜索查询窗口的互相关最大值来确定位移。采用互相关算法获得相邻图像观察区内的粒子群位移，根据设置的时间间隔求得示踪粒子的速度，从而得到颗粒的局部速度[23,24]。另一常用方法是变分光流方法，其优点是易于嵌入先验物理知识和特定几何约束知识[25,26]，但是光流法在进行变分优化的过程会花费大量时间和计算量，而且对噪声非常敏感。现有研究中，PIV主要用于测量二维流化床中气泡周围以及密相区的颗粒速度分布，很少应用于颗粒返混现象明显的三维密相流化床。这是因为在密相流化床中，床层中心区域的固体流场图像质量易受到壁面附近颗粒流的影响，从而引起测量误差。随着深度学习的发展和成熟，部分研究工作开始将深度学习技术用于单相流和两相流速度场估计问题的研究[27]。

光流法能有效检测两相流的流动状态，其本质在于捕捉图像中特征运动的速度。光流场构建了一个二维的即时速度模型，该模型中的速度矢量实际上是三维空

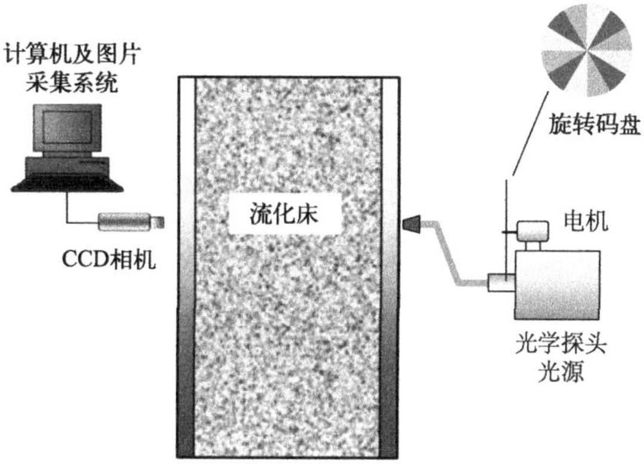

图3-9 PIV系统[20]

间中物体运动在图像平面上的投影。这种方法不仅揭示了图像内目标物体的二维移动轨迹，还隐含了场景三维结构的深度信息[28]。

为了精确估计光流，研究者采用了一种深度学习模型——卷积神经网络循环全对场变换（recurrent allpairs field transforms，RAFT）的深度学习框架，专门应用于处理粒子图像测速（PIV）图像数据。该框架通过复杂的网络结构设计（图3-10），能够高效、准确地从PIV图像中提取光流信息，进一步提升了两相流流场分析的精度与效率[29-31]。

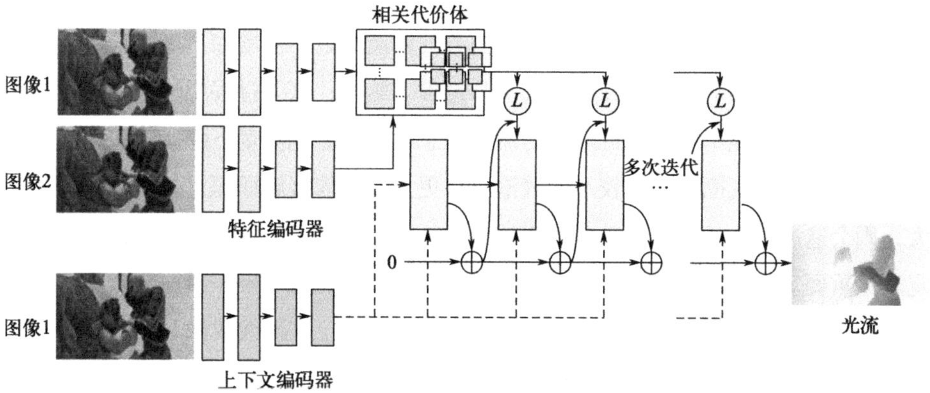

图3-10 光流模型RAFT网络[29]

3.3.2 测量步骤

（1）颗粒图像采集　调节流化床的入口空气阀门，调整空气流量，使床内颗粒呈现上下近似均匀分布的状态。此时，床内颗粒近似均匀地分散在气体中，然后由气体带出床体，气固混合物沿轴向近似平推向上流动。

（2）图像预处理　图像的预处理主要包括灰度拉伸、滤波、二值化和轮廓提取四个部分。首先采用非线性变换来实现图像的灰度拉伸，经过灰度拉伸和滤波以后为了提取图像特征要将图像进行二值化，之后采用形态学运算来实现轮廓的提取。

（3）参数测量与计算　在通过高速摄影机获得的颗粒运动图像中，由于相邻两帧之间的时间间隔较短，颗粒的运动特征表现出短时平稳性。因此，可以利用运动目标的特征来进行颗粒的匹配识别。图像匹配中常用的特征包括几何特征、运动特征、分形特征、不变矩特征和傅里叶描绘子等。

3.4 基于图像的气泡参数测量技术

气泡作为气固分选流化床中典型的介尺度结构，气泡生成会引起床层明显的压力波动，气泡的运动（上升、兼并、生长、破裂）会加重介质的返混和流型转变，直接造成宏观平均密度波动。在鼓泡流化床中，若气体流速未达到最小流化速度，则无法有效实现床层的均匀流态化。一旦气体流速超越此临界值，床层即由静态的固定床状态转变为动态的流化床状态。随着气体流量进一步增加，床层内会生成数量更多、尺寸更大的气泡，并加速其上升过程。然而，这一过程中气泡间的相互作用与聚并现象可能不利于维持理想的流化状态，导致流化质量下降。气泡控制流体动力学行为诱导气固混合，较小的气泡具有更大的气固接触面积，如果气泡尺寸太大，则会造成较大的床层扰动。气泡的运动行为对于布风板的设计和改善床层的稳定至关重要。气泡的准确识别分割是研究气泡运动行为的基础。目前，有许多技术可以测量气泡尺寸及分布，包括侵入探头、直接摄影、X射线成像和电容层析成像等[32]。其中，基于直接摄像的数字图像分析技术是研究流化床中气泡运动行为最简单和广泛使用的方法之一，其操作方便、高精度，可以直观地获得气泡的不规则边界形状以及测量气泡的大小和速度，进而在二维流化床中被广泛使用。但是其也存在许多问题，包括重叠和失焦气泡识别困难，尤其是在有多个可能焦点平面的情况下，并且拍照的过程照明不可能实现光源完全均匀照射，经常会出现图像中心区域的阈值较高，而外围的阈值较低，部分气泡相过度曝光[33]。常规采用单一阈值难以准确捕捉不同情况下的气泡特征，并且手动统计识别的方法非常耗时，限制了气泡识别的准确性。随着计算机视觉技术的发展，将基于深度学习的方法引入二维流化床气泡分割识别中，有助于提高数据分析的可靠性，实现对分选流化床气泡特征的全面认识。

3.4.1 测量方法

3.4.1.1 传统气泡图像检测技术

检测流体中气泡的主要目的是聚焦于研究区域，通过特定手段剔除背景干扰（如背景杂质、容器表面刮痕），以便独立分析气泡特性。根据容器或介质的特性，可采用不同检测方法，如图像分析技术和基于物理特性的声光检测法，来实现气泡的有效检测。

在流化床研究中，精确识别与提取气泡是分析气泡运动特性的基础。然而，在复杂的气固两相环境中，尽管气泡与乳化相对比显著，但受光照条件和工作状态多变的影响，准确界定两相边界、捕捉轮廓及识别微小气泡成为一大挑战。传统的图像分割方法主要包括像素阈值法、像素聚类和分类方法、图分区分割方法等。在流化床中，常规识别方法涉及将高速动态照片转换为灰度图或应用基于图像亮度中位数的阈值处理。这种方法高度依赖于拍摄图像的清晰度和空间局部特征，如灰度、边界像素特征等。此外，针对气固相复杂的操作环境，大部分条件下获得的图片均存在气泡相和乳化相边界模糊，阈值重叠，图片曝光不均，所需特征难以捕捉等问题。如果采用相同标准或者确定阈值直接处理高速动态所获取的气泡图片，对于多变性以及边界不清楚的气泡，细节就会被过强的图像线条掩盖，较弱边缘的分布模式就会被覆盖，难以实现气泡轮廓的准确提取。Fourar和Bories[34]通过高速摄影法对水平窄管内空气-水两相流的流型结构进行了实验研究。Dinh和Choi[35]对垂直管道中两相泡状流和弹状流中的气泡识别进行了实验研究，其中利用CCD获取图像，然后利用滤波、边缘检测和图像二值化等图像处理技术提取并计算气泡尺寸。该方法适用于气泡流动较慢的两相流。王红一等[36]利用图像处理技术对气液两相流中的泡状流的气泡进行了三维重建，提出图像计算与受力分析结合测速的方法。

3.4.1.2 基于机器学习的气泡图像检测技术

在基于图像处理技术的气泡检测研究领域中，研究者结合机器学习强大学习能力对气泡展开了深度研究。气固流化床气泡的特征信息能够在一定程度上反映床层流化质量及稳定性，因此对气固流化床气泡信号展开测量研究，对改善流化水平、调控床层密度均匀稳定意义重大。虽然传统图像方法在一定程度上提高了对气泡检测、分割和识别的灵活性与准确度，但高度重叠、复杂相连的气泡目标依然是一个亟须解决检测困难区。近年来，机器学习在计算机视觉领域应用中取得了突破性进展，其主要解决的是目标识别与检测两个重要基本问题[37]。Faster-RCNN、YOLO、SSD等目标检测模型在机器学习技术的发展下日趋成熟，在复杂目标检测方面都显示出了良好检测效果。针对于不同领域的特定问题，诸多算法被不断改进与应用，有效改善了传统方法中高人工成本、高测量误差、低效率等问题。周云龙等[38,39]对多相流型图像进行特征提取，并结合神经网络、支持向量机等分类模型实现了多相流型的分类，识别率高达99%。崔森采用YOLOv5的目标检测模型作为气泡检测主干网络，在网络特征提取层设计引入多注意力机制卷积结构，增强网络对气泡图像局部及全局特征关注能力，降低气泡误检概率[40]。此外，有学者采用深度学习驱动的语义分割技术，以实现气泡区域更为精准的自动化识别。即便在仅有少量手动标注图像的支持下，该技术仍能展现出卓越的分割性能。这一智能化的分割策略，能够高效地排除图像采集过程中背景信息的干扰，以及流化床装置所处环境造成的复杂影响，同时有效抑制光照条件下加重质颗粒产生的噪声干扰，包括高亮反光点和阴暗区域，从而显著提升分割结果的准确性和可靠性。

3.4.2 测量步骤

3.4.2.1 图像采集

采用高速相机等图像采集装置连续测量流化床中气泡图像。

3.4.2.2 图像预处理

为了分析气泡的动力学特性，首先需要对采集到的气泡图像进行前期处理，主要包括图像截取、二值化、滤波和区域标定等步骤。随后，可以获取图像中气泡的位置、直径和形状等相关数据，并对这些数据进行分析。具体步骤如下。

（1）图像截取　为了更准确地分析流化床中气泡的运动行为，首先对图像进行剪切，只保留流化床的观察区域，排除其他内容。

（2）图像的二值化　为了精确获取气泡参数，需要将流化床内气泡部分与浓相部分分离，这就需要将原始的RGB图像转换为二值图像。

（3）滤波　为了提高气泡数据分析的准确性，需要滤除图像中存在的一些伪气泡以及外围空隙部分。

（4）区域标定　对二值图像中感兴趣的目标区域即气泡区域进行标号，以便后续气泡数据的获取。

（5）获取目标区域的属性　对已标号的目标区域进行数据获取，包括气泡的位置、当量直径和面积等。

采用图像技术进行气泡行为分析，特别是气泡与浓相的分离，是获取准确数据的主要难题之一。目前，在图像二值化阈值的选择方面，尚未确定统一的数值设定。选择适当的阈值是图像分析的关键步骤。因此，针对不同的图像，需要采用不同的数值进行二值化。随后，通过形态学算子对气泡中的一些伪气泡进行滤除，以提高数据分析的准确性，最后进行气泡的标号。

3.4.2.3　计算气泡参数

图片经过前期的处理以后，接下来需要从图像中计算气泡的参数信息。

（1）气泡的面积和周长　气泡的周长参数和面积参数是气泡运动图像中最基本的参数。对面积的检测是采用全面统计每个气泡二值图像中所包含像素的个数，如果要求得真实面积值，可根据单个像素大小标定的来测量。气泡周长是由像素的边组成的，因此通过对气泡像素周围四链码方向像素性质的判断，来确定气泡周长所包含的像素，然后对符合条件的像素求和，即为气泡的周长。

（2）气泡的形变系数　气泡上升过程中形状是不断变化的，形状上并不是标准的球形，而是近似为球形或扁球形。气泡运动过程中变形的程度也反映了两相流动的内在规律，对气泡的变形程度的研究能更进一步揭示出两相流的动态过程。

（3）气泡的等效直径　由气泡面积可以求出气泡的等效直径，即为具有相同面积的圆形的直径。

（4）气泡速度的测量　气泡速度的测量是把两个连续图像同一气泡形心间的位移作为气泡在时间间隔Δt内运动的距离，进而求得运动速度。此时测得的上升速度可以认定为时间间隔内的平均速度，此方法也就是所谓的粒子跟踪法。由于高速摄像机帧频较高，时间间隔较短也可看成是气泡的瞬时速度。

（5）体积含气率的计算　要计算两相流动中含气率，首先要计算出气体的体积，也就是所有气泡目标的体积总和。本节中假设气泡为球形，那么它的体积可按式（3-1）计算，即：

$$V_b = \frac{4}{3}\frac{A_b^{\frac{3}{2}}}{\sqrt{\pi}} \tag{3-1}$$

式中，V_b为图像中第b个气泡的体积（b=1, 2, ……, N）；A_b为图像中第b个气泡的面积。

容积含气率的计算式可以按式（3-2）来求，即：

$$\beta = V^{-1}\sum_{b=1}^{N} V_b \tag{3-2}$$

式中，V_b为图像中第b（b=1, 2, ……, N）个气泡的体积；N为图像中气泡总数；V为图像对应实验段的体积，即：

$$V = \frac{\pi}{4} L^2 H \tag{3-3}$$

式中，L、H分别为拍摄图像的宽度和高度（按像素计算）。

3.5　基于图像的流化床测量技术展望

目前，流化床气泡的图像检测技术仍面临若干挑战，亟须进一步的研究与发展。首先，流化床气泡检测的漏检率较高。流化床中的气泡形态多样且尺寸差异明显，流化床气泡图像中微小气泡很容易被忽略，由此而引发对气泡的漏检现象。而气泡检测的查全率与分析流化床床层流化质量密切相关。在传统目标检测算法中，物体的定位信息会随着网络层级的不断加深而丢失，使深层网络无法对不同维度的特征进行有效融合，最终导致漏检率居高不下。

此外，流化床气泡的误判率较高。流化床气泡图像中存在着与真实气泡很相似的其他杂质，例如介质中的杂质、有机玻璃表面划痕等。通过肉眼观察时，它们的特征几乎一模一样，由此出现干扰性杂质被误判为真实气泡的情况。多数目标检测算法无法在特征提取阶段捕捉到足够的细节纹理特征以及边缘信息，尤其是没有对目标图像的全局特征和远距离干扰杂质间的特征差异进行有效分析，从而引发误判率的激增。

流化床中气泡的检测速度较为迟缓，难以满足工业检测实时性需求。传统的目标检测网络为追求更佳的检测精度，往往依赖于不断加深的网络层次，这一做法不可避免地导致计算量急剧攀升，进而显著延长了网络的推理时间。

未来，要将基于计算机视觉的流化床检测技术推广应用到工业现场中。然而计算机视觉在应用过程中一直存在技术应用难点，计算机视觉应用易受光照影响、样本数据难以支持深度学习、先验知识难以加入演化算法[5]。这些瓶颈问题使得计算机视觉在工业领域的应用无法发挥最佳效能。因此，需要系统地加以分析和解决。

（1）计算机视觉应用易受光照影响。

实际工业环境复杂、光源简单，容易造成光照不均匀，难以解决图像质量受光照影响大的问题。在检测领域的实际应用中，由于工业场地环境变化的不确定性，会使计算机视觉的图像采集环节受到影响，这与其他计算机视觉应用场景的图像不同。例如，ImageNet、MS COCO这类数据集，通常用于分类任务，本身所需的就是各种不同类别的图像数据，几乎不用考虑环境一致性问题。但在工业检测中，需要检测的缺陷通常也是相对微小的，因此对图像的要求较高。除了保证相机的各参数一致以外，还需要控制环境因素的影响，这是工业检测中特有的控制因素之一。由于环境变化随机性大，使得控制光照成为工业检测领域的计算机视觉关键瓶颈问题。目前国内外主要通过算法预处理消除或减弱光照带来的影响，另外也有通过改进视觉图像采集方法来解决这一问题的相关研究。可设计黑箱式封装的图像采集设备，排除外界光照干扰，安装在工业现场中，从而达到实验室级别的检测环境，从根本上解决光照影响问题。

（2）样本数据难以支持深度学习。

实际工业测量领域中获取万级以上的平衡样本数据代价较大，难以解决样本数据不适用于支持基于深度学习的计算机视觉检测任务的问题[54]。对于不同的学习方法，样本数据是最重要的因素之一。尤其是深度学习，往往需要非常大量的样本才能达到比较优异的检测效果。实际工业检测领域中，样本数据的采集却是一大问题。因为工业界无法像做研究一样顺利进行样本数据采集，甚至有些产品的总产量都达不到深度学习所需的样本数据规模。针对以上情况，利用算法处理样本数据是目前的研究热点。其中涉及两个方面，一是如何从小样本数据获得良好的训练效果；二是如何使样本数据分布更加平衡。可通过小样本和不平衡样本处理方法在不降低样本数据质量的同时增大样本数据量，并且结合传统方法如模板匹配和相似度检测来辅助增加检测准确率。

（3）先验知识难以加入演化算法。

经验丰富的专业人员在进行产品检测的过程中可以做到又快又准，而先验知识难以加入演化算法智能制造业中，计算机判定难以达到专业判定的水准，如何在算法中加入先验知识以提高演化算法的效果是一大难题。如何有效利用先验知识，降低深度学习对大规模标注数据的依赖，成为目前业内的主攻方向之一。由于先验知识的形式多变，如何与深度学习有效结合是一大难点。具体到工业检测领域，问题更加严峻，在需要解决上述问题的同时，还需要考虑如下难点：如何将比普通先验知识更复杂的工业检测专业知识转化为知识图谱等形式融入算法[55]；如何建立工业检测先验知识的规范化、标准化和统一化；如何通过已有产品的先验知识推测知识库未收录的其他类似产品的先验知识。工业检测中的这些独有难题令先验知识的应用难上加难，如何加入先验知识这个瓶颈问题也变得至关重要。

目前，基于先验知识的计算机视觉方法，优势在于不仅可以降低对于大规模标注数据的依赖，同时还能保证学习过程的准确性和有效性。最为流行的研究方向是通过机器学习或者强化学习的方法将先验知识引入，从而增强模型的检测效果。未来的发展方向可以概述为以下几个方面：将知识图谱这种主要知识表示形式用于指导深度神经网络；用自然语言指导强化学习中的智能体快速准确地理解学习；将迁移学习作为知识结合进强化学习；通过领域知识将强化学习方法应用到工业检测中[5]。

参考文献

[1] O'Mahony N，Campbell S，Carvalho，A，et al. Deep Learning vs Traditional Computer Vision[M]. Advances in computer vision，2020，1（943）：128-144.

[2] Marr D. Vision：a Computational Investigation into the Human Representation and Processing of Visual Information[D]. New York：W. H. Freeman and Company，1982.

[3] Aloimonos Y. Introduction：Active Vision Revisited[D]. Maryland：University of Maryland，College Park，1993.

[4] Hartley R，Zisserman A. Multiple View Geometry in Computer Vision[D]. London：Cambridge University Press，2000.

[5] 雷林建，孙胜利，向玉开，等. 智能制造中的计算机视觉应用瓶颈问题 [J]. 中国图象图形学报，2020，25（7）：1330-1343.

[6] Mahmud M，Kaiser M S，Hussain A，et al. Applications of deep learning and reinforcement learning to biological data[J]. IEEE Transactions on Neural Networks & Learning Systems[J]，2018，29（6）：2063-2079.

[7] Zhang H，Xu T，Li H，et al. StackGAN++：Realistic Image Synthesis with Stacked Generative Adversarial Networks[J]. IEEE Transactions on Pattern Analysis and Machine Intelligence，2019，41（8）：1947-1962.

[8] Krizhevsk A，Sutskever I，Hinton G E. Imagenet classification with deep convolutional neural networks[J]. Advances in Neural Information Processing Systems，2012，25：1097-1105.

[9] Marri V D，Veera N R P，Chandra M R S. RNN-based multispectral satellite image processing for remote

sensing applications[J]. International journal of pervasive computing and communications，2021（5）：17.

[10] Takagi K，Tanaka K，Izumi S，et al. A Real-time Scalable Object Detection System using Low-power HOG Accelerator VLSI[J]. Journal of Signal Processing Systems，2014，76（3）：261-274.

[11] Ren S，He K，Girshick R，et al. Faster R-CNN：Towards Real-Time Object Detection with Region Proposal Networks[J]. IEEE Transactions on Pattern Analysis & Machine Intelligence，2017，39（6）：1137-1149.

[12] Zhao H，Li Z，Zhang T. Attention Based Single Shot Multibox Detector[J]. Journal of electronics & information technology，2021，43（7）：2096-2104.

[13] Kaiming H，Georgia G，Piotr D，et al. Mask R-CNN[C]//2017 IEEE International Conference on Computer Vision. 2017，322：2980-2988.

[14] Wang Y，Bai X，Wu L，et al. Identification of maceral groups in Chinese bituminous coals based on semantic segmentation models[J]. Fuel，2022，308：121844.

[15] Lai W，Hu F，Kong X，et al. The study of coal gangue segmentation for location and shape predicts based on multispectral and improved Mask R-CNN[J]. Powder Technology，2022，407：117655.

[16] Maxwell A，Bester M，Guillen L，et al. Semantic Segmentation Deep Learning for Extracting Surface Mine Extents from Historic Topographic Maps[J]. Remote Sensing，2020，12（24）：4145.

[17] Yu Q，Xiong Z，Du C，et al. Identification of rock pore structures and permeabilities using electron microscopy experiments and deep learning interpretations[J]. Fuel，2020，268：117416.

[18] 付艳红. 气固分选流化床空间特征及气泡行为研究 [D]. 北京：中国矿业大学，2024.

[19] Wang J，Ma Y，Zhang L，et al. Deep learning for smart manufacturing：Methods and applications[J]. J Manuf Syst，2018，48：144-156.

[20] Kashyap M，Gidaspow D. Circulation of Geldart D type particles：part II-Low solids fluxes measurements and computation under dilute conditions [J]. Chemical Engineering Science，2011，66（8）：1649-1670.

[21] Westerweel J. Digital particle image velocimetry：Theory and application[D]. Delft University of Technology，1993.

[22] Horn B，Schunck B G. Determining optical flow[C]//Techniques and Applications of Image Understanding. International Society for Optics and Photonics，1981.

[23] Deshmukh A，Vasava V，Patankar A，et al. Particle velocity distribution in a flow of gas-solid mixture through a horizontal channel[J]. Powder Technology，2016，298：119-129.

[24] Yan F，Rinoshika A. Application of high-speed PIV and image processing to measuring particle velocity and concentration in a horizontal pneumatic conveying with dune model[J]. Powder Technology，2011，208（1）：158-165.

[25] Ruhnau P，Kohlberger T，Schnörr C，et al. Variational optical flow estimation for particle image velocimetry[J]. Experiments in fluids，2005，38（1）：21-32.

[26] Heitz D，Mémin E，Schnörr C. Variational fluid flow measurements from image sequences：synopsis and perspectives[J]. Experiments in fluids，2010，48（3）：369-393.

[27] 毕晓君，何明洁，于长东，等. 基于深度学习的液相流粒子图像测速估计 [J]. 哈尔滨工程大学学报，

2023，44（4）：622-630.

[28] 王睿，张广军，阎鹏. 基于光流分层方法的平面 3D 运动估测 [J]. 光学技术，2007，33（1）：102-105.

[29] Teed Z，Deng J. RAFT：recurrent all-pairs field transforms for optical flow[C]//Computer vision-ECCV 2020，2020：402-419.

[30] Brox T，Bruhn A，Papenberg N，et al. High accuracy optical flow estimation based on a theory for warping[C]//Computer vision-ECCV 2004，2004：25-36.

[31] Hosni A，Rhemann C，Bleyer M，et al. Fast costvolume filtering for visual correspondence and beyond[J]. IEEE transactions on pattern analysis and machine intelligence，2013，35（2）：504-511.

[32] Asegehegn T，Schreiber M，Krautz H. Investigation of bubble behavior in fluidized beds with and without immersed horizontal tubes using a digital image analysis technique[J]. Powder Technology，2011，210（3）：248-260.

[33] Almendros-Ibanez J，Pallares D，Johnsson F，et al. Voidage distribution around bubbles in a fluidized bed：Influence on throughflow[J]. Powder Technology，2010，197（1/2）：73-82.

[34] Gopal M，JepsonW P. Development of digital Image analysis techniques for the study of velocity andvoid profiles in slug flow[J]. Int J of Multiphase Flow，1997，23（5）：945-965.

[35] Dinh T B，Choi T S. Application of image processing techniques in air/water two phase flow[J]. Mechanics Research Communications，1999，26（4）：463-468.

[36] 王红一，董峰. 气液两相流中上升气泡体积的计算方法 [J]. 仪器仪表学报，2009，30（11）：2444-2449.

[37] 周凯旋. 图像识别与目标检测的深度学习算法研究 [D]. 秦皇岛：燕山大学，2020.

[38] 周云龙，陈飞，刘川. 基于图像处理和 Elman 神经网络的气液两相流流型识别 [J]. 中国电机工程学报，2007，27（29）：108-112.

[39] 周云龙，李洪伟，何强勇. 垂直上升管油气水三相流视频图像灰度波动信号的混沌特性分析 [J]. 中国电机工程学报，2008，28（35）：49-56.

[40] 崔森. 基于机器学习的气固流化床气泡检测与床层波动预测研究 [D]. 北京：中国矿业大学，2023.

第4章
基于静电传感器阵列的流体参数测量系统设计与实现

通过研究颗粒带电机理和流化床内流体参数与颗粒带电特性的相互影响，设计并实现了一种基于静电传感器阵列的适用于流化床内流体参数检测的系统。本章将着重介绍颗粒带电机理、基于静电传感器阵列的检测系统中的传感器设计、有限元仿真模型及信号调理部分。另外，详细介绍了单喷口流化床和鼓泡床实验装置以及实验过程中采用的参考仪器。

4.1 系统概述

单个或者多个静电传感器可以测量流化床内的电荷特性，但是只能获得流化床内局部的参数特性，如果对流化床中的气泡分布进行成像从而测量气泡特性，可以采用多个静电传感器形成的阵列结构实现[1]。为了更加细致全面地研究流化床内的气泡运动特性，本研究采用多个条形电极构成的静电传感器阵列对测量区域的气泡特性进行测量。需要注意的是，静电传感器阵列中电极的布局和数量影响传感器的灵敏度分布和成像精度[2]。在静电传感器阵列设计过程中，需要根据流化床中气泡的尺寸和运动速度布置静电电极的排列。同时，静电传感器具有灵敏度分布不均匀的缺点，因此本研究采用有限元仿真软件计算静电传感器阵列的灵敏度分布，以探究其能否适用于测量流化床中的流体参数特性。

基于静电传感器阵列的流化床内流体参数测量系统由静电传感器阵列、信号调理单元、数据采集卡及上位机组成（图4-1）。静电传感器阵列的设计与实现在第4.2节描述，信号调理单元的细节信息在第4.3节进行阐述。在测量流化床内流体的参数特性时，静电传感器阵列安装在流化床的壁面上。首先，根据静电感应原理，静电传感器阵列会感应流化床中的电荷信号。由于流化床内的电荷信号比较微弱，需要信号调理单元将电极上感应电荷的波动信号进行转换并放大成易于传输的电压信号。然后，信号处理单元的输出信号被数据采集卡采集，将模拟电压信号转换为数字电压信号，并在上位机上完成信号的处理和展示。

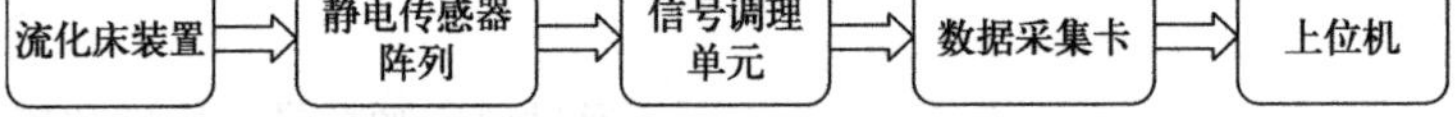

图4-1 静电传感器阵列检测系统结构示意图

4.2 传感器阵列

4.2.1 颗粒带电机理

在气固流化床中，颗粒-颗粒、颗粒-壁面、颗粒-空气之间的接触、摩擦和碰撞导致颗粒带电。接触带电和摩擦起电是流化床中的颗粒带电的主要原因。在接触带电理论中，当两个物体互相接触时，由于两种物质表面电子或者离子的能量不同，电荷从一个物体向另一个物体转移直至电荷平衡。并且，两个物体分离后一个物体带正电而另一个物体带负电[3]。摩擦起电与接触带电的原理相同，摩擦起电本质上是物体表面多接触点的接触带电，摩擦起电时物体之间的接触点增多，接触面积增大，接触面温度上升，从而促进电荷转移。

不同材料之间的接触情况不同，当前研究常用功函数理论来描述不同金属材料之间的电荷转移。将从费米能级到金属表面移出电子所需的最低能量定义为材料的功函数，功函数体现了不同材料表面的性质。功函数理论中的电荷转移是由于材料表面之间的功函数差异而产生了接触电势差[4]。类比金属间产生的摩擦起电机理，绝缘体与金属材料之间的电荷转移可以用有效功函数理论来描述。定义绝缘体的有效功函数为从材料中提取电子所需的最低能量，因此绝缘体与金属之间的接触起电是由于金属材料的功函数和绝缘体的有效功函数差异产生的电势差驱使的。流化床中颗粒和壁面材料种类各异，根据功函数和有效功函数理论可以描述电荷在不同材料之间的转移[5]。

相比于稀相的气力输送系统，流化床中颗粒浓度较高。特别是在化工领域的聚烯烃流化床中，由于物料的绝缘性高，流化床中的静电现象更加明显，导致颗粒粘壁、结块、反应器停车现象的发生。静电电荷积累到一定量时可能会引起电荷放电，导致床中器件被击穿甚至引起爆炸。因此，通常采用在流化床中添加抗静电剂或者是床中增加接地的导线，将流化床中的电荷量控制在一定水平[6]。本研究主要探究流化床干燥器中的静电信号测量，由于生物质物料含湿，流化床中电荷量不会过大，因此检测系统未发生击穿现象。

另外，由于流化床中流体运动复杂，多种因素会对颗粒带电过程产生影响。由于颗粒与气泡相互作用，气泡尺寸、上升速度和频率等均会影响颗粒运动从而影响颗粒带电量。颗粒的粒径分布同样是影响流化床静电特性的重要因素，针对宽粒径分布颗粒进行的实验表明，随着平均粒径的减小，颗粒的荷质比增大[7]，并且颗粒的含水量也会影响颗粒的电荷水平。Lee等对物体接触起电的研究表明，由固体表面吸附水引起的离子转移是电荷转移的主要机制，水蒸气增加了物体表面的电导率[8]。流化床干燥生物质实验表明，生物质颗粒所带的水分影响颗粒带电，这是因为水分促进颗粒表面电荷耗散，从而减少颗粒表面的电荷积累[6]。

尽管国内外众多学者对颗粒起电机理以及带电特性做了大量研究，但是颗粒带电过程十分复杂，目前国际上还未形成准确的理论模型[9]。在研究过程中可以采用静电传感器、静电探针等实验方法，改变单一参数的同时保持其他参数不变，建立

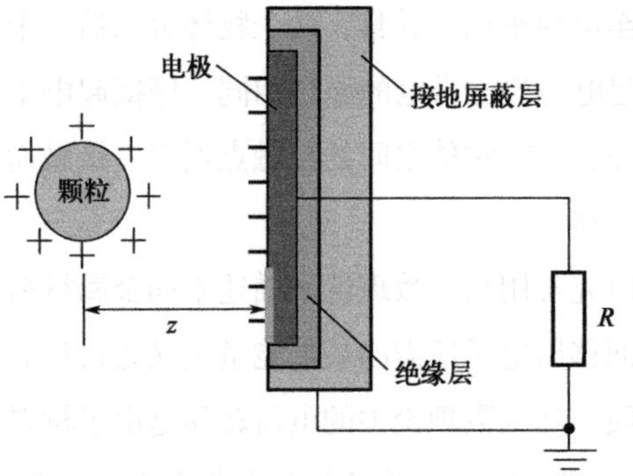

图4-2 静电传感器与带电颗粒的等效模型[10]

被测参数和流化床中颗粒的带电特性之间的关系。

在静电传感器的研究中，“等效电容”理论得到了广泛应用[10]。根据静电感应原理，带电颗粒和静电传感器可被认为是一个等效电容，如图4-2所示。带电颗粒为等效电容的一个极板，而静电传感器的电极为等效电容的另一个极板，带电颗粒相对电极的运动改变等效电容极板之间的间距，从而改变等效电容值。将静电传感器的电极与输入电阻为R的信号调理电路相连，信号调理电路完成电极上的电荷变化测量并输出信号。需要注意的是，静电传感器工作时不需要外接激励，因此属于一种被动无源式传感器。

颗粒所带电荷通过等效电容模型表示为：

$$q=k_{c}CV=k_{c}\frac{\varepsilon S}{z}V \tag{4-1}$$

式中，q是运动颗粒所带的电荷，k_c是充电系数，C是等效电容的电容值，V是颗粒与极板两个接触表面之间的等效电势差。另外，ε是颗粒与电极板之间介质的等效介电常数，S是颗粒的等效面积，z是颗粒与电极板之间的距离。当颗粒上的带电量随时间变化时，电极板上的电压值也随之改变。

4.2.2 静电传感器阵列

本研究在高850mm、宽150mm、厚30mm的拟二维流化床上进行，流化床的详细参数在4.4节进行阐述。为了获得流化床纵向截面的流体流动及干燥特性参数分布，本文设计了由多个电极构成的传感器阵列。传感器的整体尺寸为150mm×64mm，覆盖二维床体的主体部分，如图4-3所示。根据实验结果，流化床中的气泡直径在15~30mm之间。因此设计静电传感器阵列的电极排列方式为4×8结构，即每一行均匀布置8个电极，每一列均匀布置4个电极，共32个电极。为了采集静电传感器的信号，需要设计一个32通道的信号调理单元。静电电极的数量是影响静电成像分辨率和精度的重要参数，如果电极数量有限，则用于成像的数据量少，难以分辨流化床中尺寸较小的气泡。如果电极数量过多，会使得单个电极的感应面积过小而灵敏度下降。同时也需要考虑信号调理电路的通道设计，如果电极数量多，相应的信号调理电路将变得复杂，在电荷重建过程中也会带来复杂的计算过程，进而降低静电传感器的使用效率[11]。考虑到上述要求，本研究采用32个电极构成的静电传感器阵列。静电传感器阵列由厚度为1mm的印刷电路板制成，相邻电极的中心间距为16mm。为了减少外部电磁干扰，电极周围的所有区域（图4-3中的灰色背景）接地。

由于气泡主要沿流化床的竖直方向移动，为了保证静电传感器测量流体速度时具有足够的信号带宽，本研究中电极的形状设计为条形结构[12]。同时需要注意的是，电极的长度和宽度决定了静电传感器测量的空间分辨率，根据测量区域的尺寸（150mm × 64mm）和电极尺寸（10mm × 3mm），此传感器阵列所能检测到的最小气泡的面积应当大于单个电极的面积。

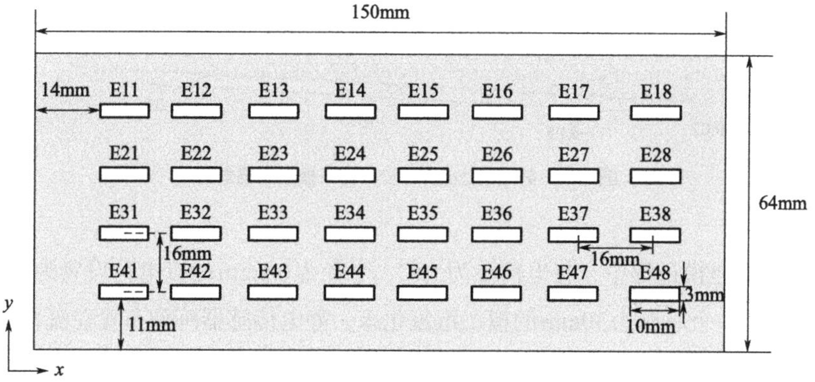

图4-3 静电传感器阵列的尺寸和结构

4.2.3 有限元模型

根据静电传感器阵列的尺寸和结构，可以计算静电传感器阵列的灵敏度分布。静电传感器的灵敏度是指在静电传感器感应区域某一位置，由单位点电荷作用下电极上产生感应电荷的绝对值，反映了测量过程中被测对象的位置信息，对传感器的测量精度具有重要的影响。因此在本研究中，需要分析静电传感器阵列的灵敏度分布。静电传感器阵列的灵敏度分布可通过静电场建模求得，常用方法包括理论建模和有限元方法（finite element method，FEM）[9]。

理论建模方法直接有效，但是若假设不当或静电场非常复杂，会增加计算成本并产生误差。FEM是一种数值模拟方法，可以获得针对工程问题建立的偏微分方程的近似解。相比于理论建模方法，FEM具有较高的计算精度且更适合多元复杂的模型结构，不会受到边界场形状的限制。考虑到静电传感器阵列的电极个数较多，因此本研究采用FEM方法来计算静电传感器阵列的灵敏度分布。本研究搭建的静电传感器阵列的FEM模型网格划分如图4-4所示，为提高电极周围灵敏度分布精度同时尽量减少计算量，电极位置处网格设置较密，其他位置网格较稀疏。

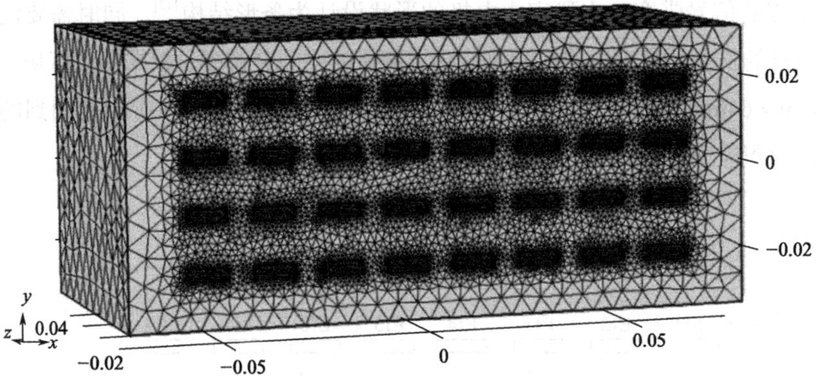

图4-4　静电传感器阵列的FEM模型网格划分

在FEM建模过程中，将电荷量为1μC、半径为0.1mm的点电荷设置为源电荷。实验装置是一个厚度为30mm的拟二维流化床，静电传感器阵列布置在流化床外壁面。图4-5（a）为静电传感器阵列在床厚度方向的三个平面（Z_1、Z_2和Z_3）上的灵敏度分布。在建模过程中，每个平面被分成了150 × 64个面积为1mm²的网格，带电颗粒被放置于网格的中心位置。静电传感器电极上的感应输出与激励电荷的位置有关，第n个电极在某个位置（x，y）的灵敏度S_i（x，y）定义为电极上的感应电荷与在该位置的源电荷的比值，其表达式为：

$$S_i(x,y)=\frac{q_i}{q_s} \tag{4-2}$$

式中，q_i是第i个电极上的感应电荷，q_s是电荷量为1μC的源电荷。

静电传感器阵列的灵敏度分布结果如图4-5所示。为了全面了解静电传感器阵列特性，本文探究了不同位置电极的灵敏度分布，图4-5（b）为典型电极E21和E24在Z_1平面的灵敏度分布。E21电极靠近传感器阵列的边缘位置，E24电极位于传感器阵列的中间位置。根据图中的结果，靠近电极位置的灵敏度分布较大，而远

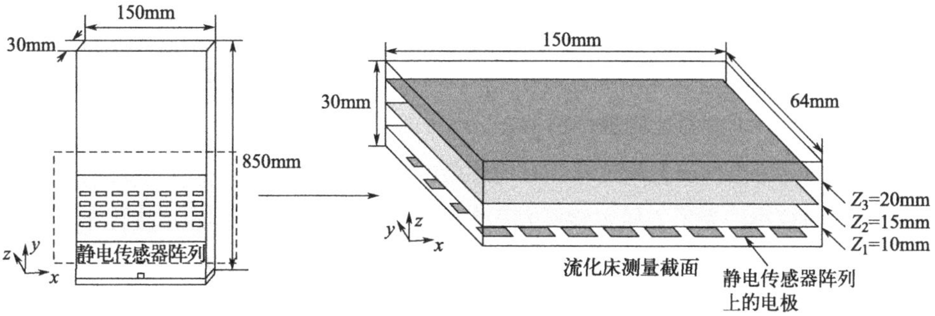

(a) 三个平面示意图

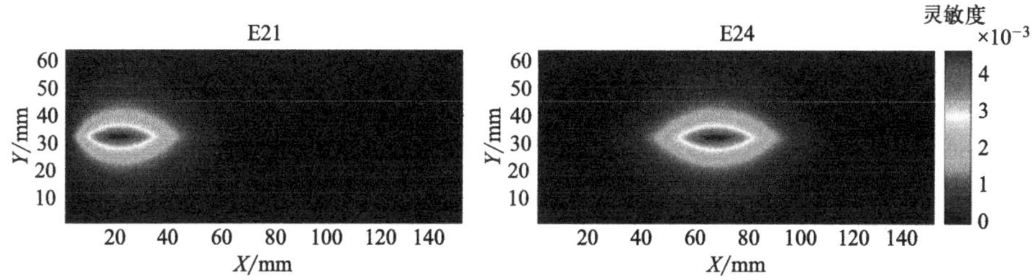

(b) 典型单个电极的灵敏度分布(Z_1平面)

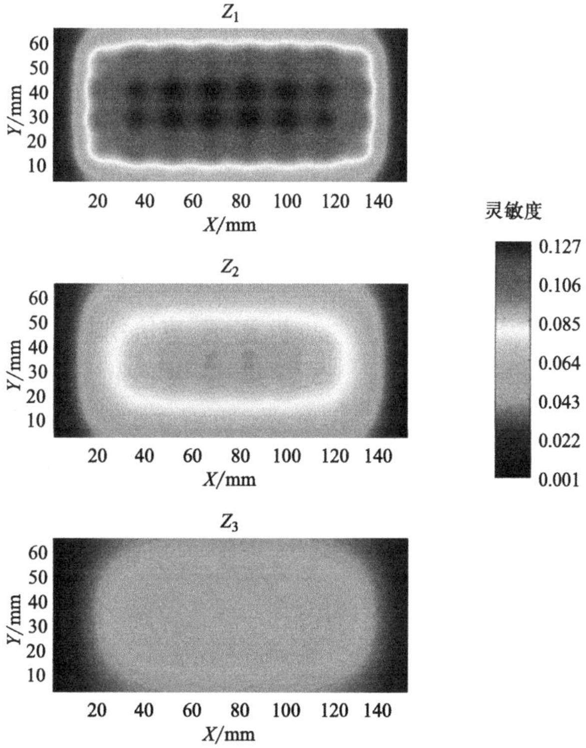

(c) 静电传感器阵列在三个平面上的灵敏度分布

彩图4-5

图4-5　传感器阵列的灵敏度分布

离电极位置的灵敏度较小。

静电传感器阵列在平面Z_1、Z_2和Z_3的最大灵敏度分别为0.127、0.092和0.058，如图4-5（c）所示。对比静电传感器在三个平面上的灵敏度分布，传感器阵列对靠近电极平面的带电颗粒更敏感，并且传感器的灵敏度随着传感器阵列和感应平面距离的增加而减小。为了方便实验探究，本研究采用厚度为30mm的薄流化床，流化床中的带电颗粒位于传感器阵列的敏感区域。而在实际的应用中需要根据流化床的真实尺寸优化传感器阵列的结构。例如，对于体积较大的流化床需要相应增加电极尺寸来增强传感器的信噪比并扩大敏感区域[13,14]。同时，研究表明静电传感器阵列对在每个平面中间区域的带电颗粒更敏感，而流化床中需要测量的气泡大多位于传感器的中间区域，因此传感器边缘区域的非均匀灵敏度对气泡测量的影响可忽略不计。

4.3 信号调理

信号调理电路采用运算放大器LMP7721和双通道AD8602芯片，信号调理过程由三个阶段构成。随着带电颗粒在流化床中移动，每个电极上均产生感应电荷，感应电荷的变化（感应电流）被信号调理电路测量得到。首先，信号调理电路的电流/电压（I/V）转换器将从电极来的微弱的电流信号转换成电压信号，完成信号的初级放大。初级放大电路采用LMP7721运算放大器，此放大器具有低偏置电流、低输入失调电压的参数特点，电路图如图4-6所示。本研究采用高阻值电阻R_1作为反馈电阻对电极上的感应信号进行I/V转换和放大，并决定了初级放大电路的放大倍数。在R_1两端并联电容C_1以确保电路的稳定性并且限制信号带宽。然后，使用二级放大器对经过转换后的信号进行二级放大，电路图如图4-7所示。需要注意的是，在微弱信号放大的过程中，如果仅采用一级放大器，则需要高达100MΩ的高阻值电阻。如果采用此高阻值电阻作为反馈电阻，会造成严重的电流漂移，使电路准确度下降。因此，本研究采用二级放大电路。选用型号为AD8602的双通道运算放大器的第一通道作

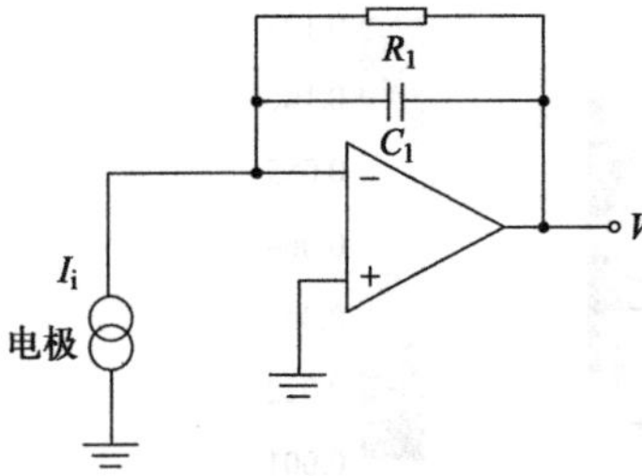

图4-6 初级放大电路

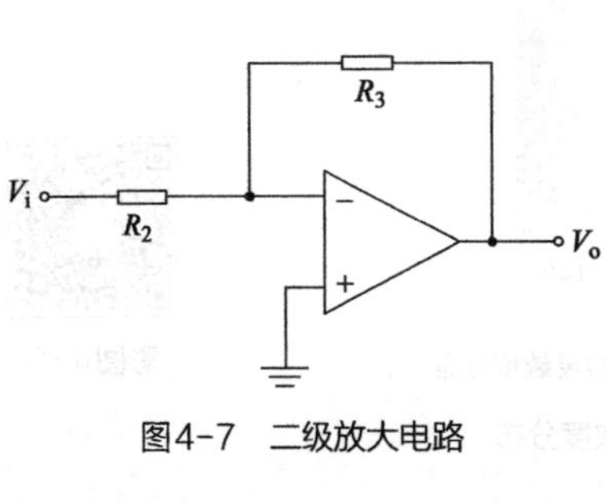

图4-7 二级放大电路

为二级放大电路，此放大器具有低失调电压和较宽的信号带宽的特性。电阻R_2和R_3决定了二级放大电路的放大倍数。

最后，信号被输入到塞伦-凯（Sallen-Key）低通滤波器，同时采用AD8602的第二通道实现电压跟随，电路图如4-8所示。Sallen-Key低通滤波电路的传递函数为：

$$H(s)=\frac{(2\pi f_c)^2}{s^2+2\pi\frac{f_c}{Q}s+(2\pi f_c)^2} \tag{4-3}$$

式中，滤波器的截止频率f_c为：

$$f_c=\frac{1}{2\pi\sqrt{R_4R_5C_2C_3}} \tag{4-4}$$

品质因数Q为：

$$Q=\frac{\sqrt{R_4R_5C_2C_3}}{C_3(R_4+R_5)} \tag{4-5}$$

品质因数是滤波器设计的重要参数，决定了滤波器的频率响应。品质因数越大滤波频带越窄，在频带内的滤波效果越好。但是，品质因数越高，成本就越高，因此需要设置合适的品质因数[15]。根据流化床中的静电信号及噪声信号的频率分析，确定本设计中品质因数为0.5。

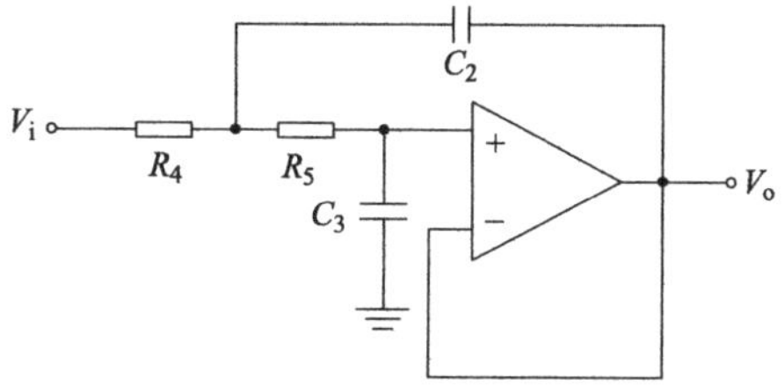

图4-8 Sallen-Key低通滤波电路

本研究搭建了由32个信号调理电路构成的信号调理单元，对静电传感器阵列的信号进行滤波和放大处理，实物图如图4-9所示。图中，32个由印刷电路板制成并带有接地屏蔽罩的信号调理电路安装在接地的金属盒中，其结构的好处是有效减少外部电磁干扰。信号调理单元由12V的直流电源供电，并安装电源指示灯提示电路是否供电。信号调理单元内含有电压转换模块，可将12V电源转换成±2.5V直流电源，为每个信号调理电路供电。同时，为了消除±2.5V直流电压中的残余交流和谐波成分，采用无源Π形LC电源滤波电路进行稳压滤波。

采用美国NI公司（National Instrument Company）的USB 6363型号的数据采集卡从信号调理单元采集32个信号，信号调理单元与数据采集卡之间通过航空插头引出来的信号线进行连接，保证信号不受外界电磁干扰。NI USB 6363数据采集卡具有32个模拟输入通道，多通道共享2MS/s采样率和16位分辨率，可以将静电传

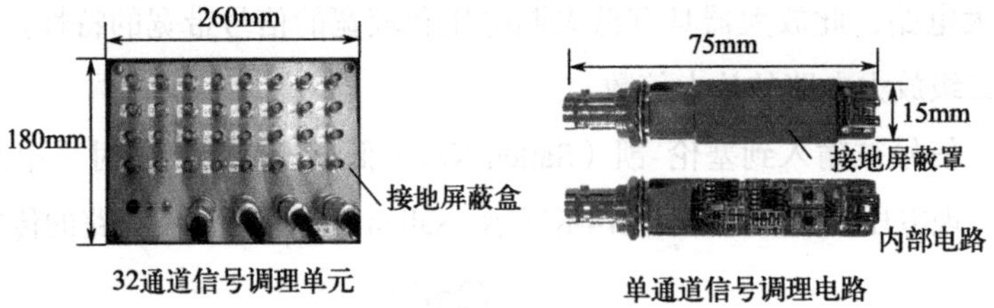

图4-9　信号调理单元实物图

感器阵列的输出信号进行模拟/数字转换。信号采集卡通过USB接口将信号高速稳定传输至上位机中。采用NI公司的LabVIEW SignalExpress软件，能够稳定可靠地对测得的静电信号进行采集、存储和简单分析。

4.4　实验平台搭建

在研究过程中，不论是对流化床内流体参数进行一般性研究，还是对特定流态化工程的特定开发，都需要进行实验室规模下的冷态实验或者是小型热态试验。其中，实验平台与设备的设计和加工是十分重要的，研究人员应该充分考虑流化床的基本结构和研究目标，从而设计建造出合理、适用且可靠的实验装置[16]。

4.4.1　单喷口流化床

为了深入研究流化床内流体流动特性，获得直观的测量结果，研究人员常采用“拟二维”流化床实验装置[16,17,18]。拟二维流化床是指截面为矩形，厚度极小的一种床形，主要用于实验室冷态研究。因为床层厚度极薄，方便研究人员直观地观察颗粒和气泡的流动特性。本研究采用静电传感器阵列测量流化床内的流体特性，实验在一个拟二维流化床上进行，如图4-10所示。因为亚克力材料成本较低且易于加工，此二维流化床由亚克力材料制成。流化床的高度为850mm，宽度为150mm，厚度为30mm。考虑到二维的床层结构，气泡在流化床厚度方向上的变化可以忽略。

在流化床气泡特性检测研究中，为了便于产生稳定的气泡，实验在单喷口流化床中进行。矩形喷口的尺寸为25mm × 15mm。空气流经空气压缩机、储气罐之后经过预分布器从床层底部喷口处进入流化床中。预分布器一般安装在分布板的下方，可以使进入流化床的空气分布均匀。预分布器设计为倒锥形结构，内部填充有

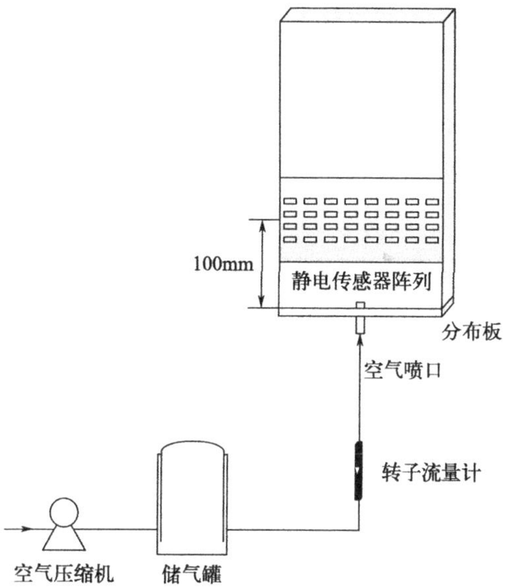

图4-10 单喷口流化床装置

大直径的球形颗粒。喷口处的空气流量由针形阀门调节，并采用转子流量计测量（精度为1.5%）。为了便于传感器安装，静电传感器阵列的电极侧紧贴在流化床外壁面，传感器阵列的另一侧为接地屏蔽层，用于屏蔽外界电磁干扰。流化床壁面材料的相对介电常数为3，壁厚为10mm。需要注意的是，材料的介电常数和壁厚都会影响带电颗粒与电极之间的电容以及电极上的感应电荷。因此，在实际的工业应用中，静电传感器应该嵌入流化床中，传感器阵列的内表面应当与流化床的内壁面平齐，同时静电传感器要与流化床壁面绝缘，并且，电极材料需要覆盖耐磨的绝缘层防止颗粒磨损传感器。静电传感器安装在分布板上方100mm处，32通道信号调理电路以1kHz的采样频率采集静电传感器阵列的信号。光学成像技术可以提供直观且丰富的流化床截面信息，因此常用在工业流化床中监测流体运动[19]。一个由彩色相机和光源系统构成的光学成像系统置于流化床的背面，以500帧/秒的速度采集气泡运动的图片，相机的分辨率为1280 × 1024。该光学系统用于验证基于静电传感器阵列的流体流动特性检测的结果，详细参数设置将在第4.4.3节讲述。

4.4.2 鼓泡流化床

为了便于测量系统安装、观察流化床颗粒的流动特性，干燥实验装置仍采用厚度较小的拟2D流化床干燥器。图4-11展示了鼓泡流化床装置，主要包括空气压缩机、储气罐、空气加热器和2D流化床等。流化床干燥器与单喷口流化床的材料和尺寸相同。然而，不同的是流化床干燥器的分布板采用烧结板制成，当空气从流化床下方入口穿过分布板时，分布板将流化气体均匀地分布在整个床层截面上，形成鼓泡流。鼓泡床中，气泡流动起到了搅拌的作用，空气与湿物料混合均匀，增强了整个床体的传热传质效率，有助于干燥实验的进行。采用玻璃转子流量计和针形阀门分别对流化床入口空气流量进行测量和控制。在流化床入口处安装相对误差在±0.75%以内的T型热电偶温度计用于测量空气温度。为了使进入流化床的空气温度自动地维持稳定，采用PID可调的温度控制器和空气加热器控制流化床入口空气温度。在出口位置安装了电容式温湿传感器（HPM110，Vaisala），用于监控流化床的出口空气温度及湿度。

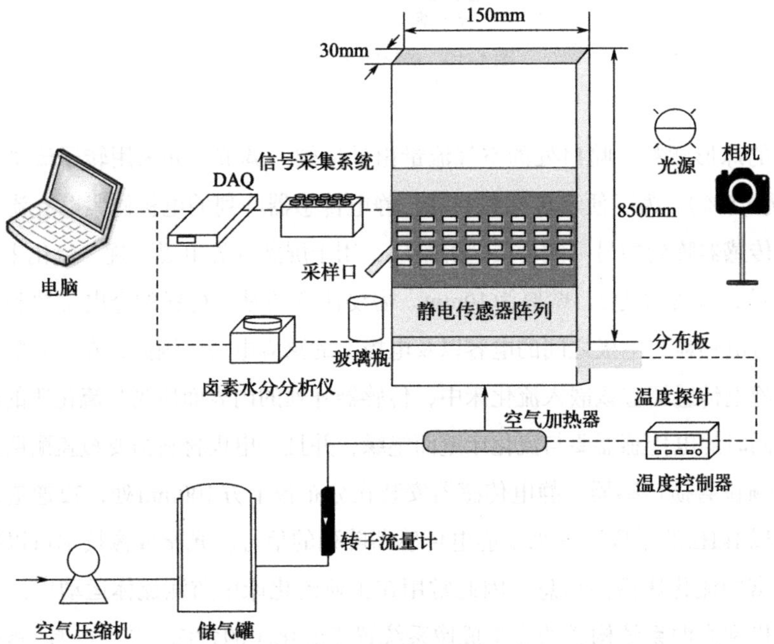

图4-11　鼓泡流化床装置

在干燥实验中，静电传感器阵列安装在流化床的背面，位于分布板上方100mm处。利用多通道信号调理单元和数据采集卡采集静电传感器阵列的输出信号，采样频率为1kHz。为了获得参考湿度，从采样口（分布板上方100mm位置）每间隔5分钟取样，采集样品质量为1.5g。离线采样过程要做到规范，取样的生物质颗粒被收集在密封的玻璃瓶中，如图4-11所示。采用卤素水分分析仪测量采样样品的参考湿度，用来验证静电传感器阵列的测量结果，卤素水分分析仪的相关参数将在4.4.3节中进行阐述。当生物质颗粒被采样时，同时采用静电传感器阵列采集静电信号，采样时间为20秒。在干燥特性检测部分，通过融合静电和光学成像系统，对流化床内不同位置生物质颗粒的干燥特性进行监测。静电传感器阵列和光学成像系统分别布置在流化床两侧，便于拍摄流化床的主要干燥区域。实验过程中静电传感器阵列和光学成像系统同时采集静电信号和气泡图像，以确保被测对象的一致性。

4.4.3 参考仪器

4.4.3.1 相机

光学成像技术能够提供直观、准确的流化床内流体运动图像，因此常被用于获取流化床内气泡流动特性参数。光学成像系统由相机和光源系统构成，图4-12为实验装置实物图。

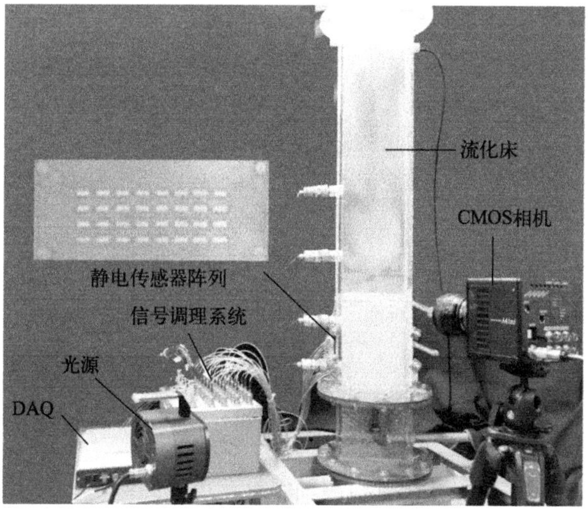

图4-12　实验装置实物图

相机是光学成像系统的关键部件，影响被测对象的成像精度以及分辨率。同时，在实际应用中，也需要考虑相机的尺寸、安装方式、适应温湿度范围以及图像采集软件性能等因素。本研究采用日本公司Photron生产的FASTCAM Mini UX50

型CMOS RGB彩色相机，用于验证基于静电传感器阵列的流化床内气泡流动参数检测方法。该相机尺为120mm×120mm×90mm，质量为1.5kg，内存为16G，具有体积小、灵敏度高及分辨率高等优点。图4-13为相机的RGB光谱响应曲线，适用于获取流化床中流体流动图像。在1280×1024分辨率的条件下，相机的拍摄速度可达2000帧/秒。本研究相机拍摄分辨率选择1280×1024，相机在测量气泡图像时空间分辨率与成像区域的尺寸有关，相关结果在第5.2.3节中进行描述。在使用过程中，采用4千兆以太网将相机与上位机相连。上位机软件为与相机系统相匹配的高速相机软件（PFV），可以将实验过程中流化床截面的图像或视频进行采集与存储。相机镜头为尼康定焦镜头，焦距为50mm，相机通过云台安装在三脚架上，可通过调整三脚架相应调整相机的测量范围。

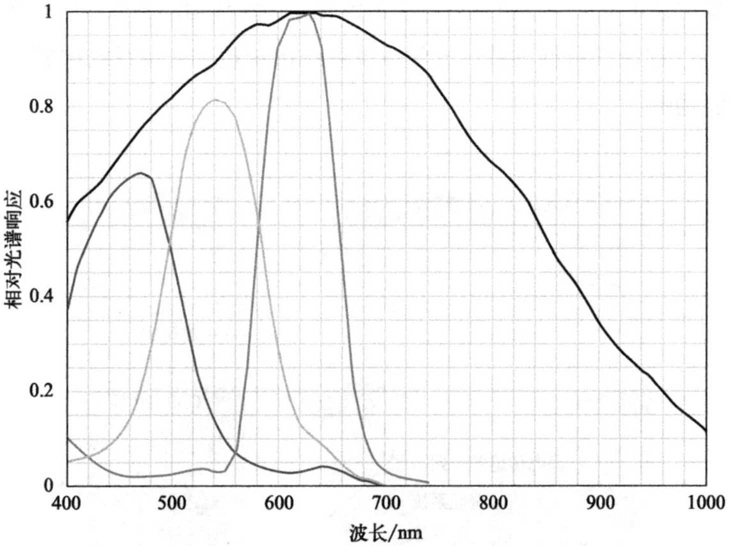

图4-13 相机的RGB光谱响应曲线

光学成像系统中的光源在视觉检测领域具有重要的作用，决定了拍摄图像的质量。因此在实际应用中，需根据被测对象的特性选择合适的光源照明方式，一方面提升拍摄环境的光照条件，另一方面有效提高目标成像的对比度，均有利于目标物体的检测[20]。本文的光源照明装置为发光强度连续可调的LED光源。LED光源具有发光效率高、发光稳定、亮度易调节、工作电压低等特点，在光学成像领域得到了广泛的应用。为了增强图像的对比度，在流化床的另一侧布置了黑色背景，如图

4-12所示。

4.4.3.2 卤素水分分析仪

为了建立基于静电传感器阵列的流化床内生物质湿度测量模型，其参考湿度由卤素水分分析仪提供。本研究所采用的是梅特勒托利多（Mettler Toledo）公司生产的信号为Model HE83的卤素水分分析仪，具有操作简单、快速高效、智能化等优点，通过环形卤素灯加热生物质颗粒，使生物质颗粒快速均匀地干燥从而获得生物质的湿度值。卤素水分分析仪可以显示多种模式的湿度值，精度可达0.01%。单次测试样品的质量上限为200g，加热样品的温度范围应当控制在40 ~ 230℃。卤素水分分析仪可以离线采集生物质材料的湿度，从而为静电传感器阵列检测方法提供验证。

参考文献

[1] 淦亚锋，唐宇，邓湘. 双层16电极静电成像敏感阵列传感器结构设计[P]. 中国专利：CN107063365A，2017-08-18.

[2] Prance H，Prance R J，Watson P，et al. Apparatus and method for measuring charge density distribution[P]. US：20120323513，2012-12-20.

[3] 葛世轶. 气相法流化床反应器中聚烯烃颗粒的静电发生机制[D]. 杭州：浙江大学，2021.

[4] Harper W R. The Volta effect as a cause of static electrification [J]. Proceedings of the Royal Society of London. Series A. Mathematical and Physical Sciences，1951，205（1080）：83-103.

[5] Prance H，Prance R J，Watson P，et al. Apparatus and method for measuring charge density distribution[P]. US：20120323513，2012-12-20.

[6] 董克增. 气固流化床中静电对流体力学的影响机制及其调控研究[D]. 杭州：浙江大学，2015.

[7] Fotovat F，Bi X T，Grace J R. A perspective on electrostatics in gas-solid fluidised beds：Challenges and future research needs[J]. Powder Technology，2018，329：65-75.

[8] Lee L H. Dual mechanism for metal-polymer of particles contact electrification [J]. Journal of electrostatics，1994，32（1）：1-29.

[9] 张帅. 基于静电传感器阵列的方形气力输送管道内粉体颗粒流动特性研究[D]. 北京：华北电力大学，2018.

[10] Yan Y，Hu Y，Wang L，et al. Electrostatic sensors – Their principles and applications[J]. Measurement，2021，169：108506.

[11] Qian X C，Yan Y，Huang X B，et al. Measurement of the mass flow and velocity distributions of pulverized fuel in primary air pipes using electrostatic sensing techniques[J]. IEEE Transactions on Instrumentation and Measurement，2017，66：944-952.

[12] Hu Y，Yan Y，Qian X，et al. A comparative study of induced and transferred charges for mass flow rate measurement of pneumatically conveyed particles[J]. Powder Technology，2019，356：715-725.

[13] Xu C L，Wang S M，Tang G H，et al. Sensing characteristics of electrostatic inductive sensor for flow parameters measurement of pneumatically conveyed particles[J]. Journal of Electrostatics，2007，65（9）：582-592.

[14] Zhang W B，Yan Y，Yang Y，et al. Measurement of flow characteristics in a bubbling fluidized bed using electrostatic sensor arrays[J]. IEEE Transactions on Instrumentation and Measurement，2016，65：703-712.

[15] Zhang W B，Yan Y，Qian X C，et al. Measurement of charge distributions in a bubbling fluidized bed using wire-mesh electrostatic sensors[J]. IEEE Transactions on Instrumentation and Measurement，2017，66（3）：522-534.

[16] 金涌，祝京旭，汪展文，等. 流态化工程原理 [M]. 北京：清华大学出版社，2001.

[17] Sutkar V S，Hunsel T，Deen N G，et al. Experimental and numerical investigations of a pseudo-2D spout fluidized bed with draft plates[J]. Powder Technology，2013，102（524/543）：524-543.

[18] 羊琛. 基于静电传感阵列的流化床气泡流动特性研究 [D]. 南京：东南大学，2018.

[19] Zhang W B，Wang T Y，Liu Y Y，et al. Particle velocity measurement of binary mixtures in the riser of a circulating fluidized bed by the combined use of electrostatic sensing and high-speed imaging[J]. Petroleum Science，2020，17（4）：1159-1170.

[20] 王天宇. 基于数字成像和图像处理的转速和振动测量研究 [D]. 北京：华北电力大学，2021.

第5章
基于静电成像的气泡流动特性测量

流化床中的气泡促进了气体和固体颗粒之间的传热和传质，但导致流化床中的流体流动复杂多变。为了控制和优化流化床的运行状态，有必要开发可靠的气泡特性检测方法来判断流化床中气体和固体混合效果，进而监测流化床的运行状态。静电感应方法已应用于表征流化床中颗粒的运动特性，但气泡周围的静电现象比较复杂，基于静电法的气泡特性研究还很有限。本章通过实验和理论研究建立静电信号与气泡流动的关系，提出静电成像方法对二维流化床中的气泡行为进行研究，可检测气泡大小、形状、上升速度和产生频率。此外，利用光学成像系统获取参考图像并评估静电成像方法的性能。本章详细介绍了基于静电成像的气泡流动检测方法和实验结果。

5.1 检测原理

流化床内气泡特性如气泡形状、上升速度、产生频率是流化床内参数检测的重要对象。本研究根据颗粒带电与流化床内气泡流动特性参数关系，采用静电成像装置对上述参数进行测量，其中电荷重建过程和电荷重建算法的选择是静电成像测量流化床内气泡特性参数的重要环节。

5.1.1 电荷重建过程

采用多个电极构成的静电传感器阵列得到流化床中的电荷分布的过程为电荷重建，电荷重建过程可以用图5-1表示。首先，当颗粒在流化床中运动产生电荷，根据静电感应原理，静电传感器上电极i会随之产生感应电荷q_i，流经电极上的感应电流I_i由式（5-1）计算得到：

$$I_i = \frac{dq_i}{dt} \tag{5-1}$$

式中，t是时间。然后，静电传感器电极上的微弱电流信号通过信号调理单元转换成电压信号，电压信号被多通道信号采集卡获取。电极上原始电压信号时域参数均方根（RMS）值常用于表征静电信号的强度。静电信号V的RMS值的数学表达式为：

$$\text{RMS} = \sqrt{\frac{1}{N}\sum_{k=1}^{N} V^2(k)} \tag{5-2}$$

式中，$V(k)$表示离散时间采样电压信号，N为采样点数。

在测量流化床的气泡流动特性时，静电传感器阵列安装在流化床的壁面上。由

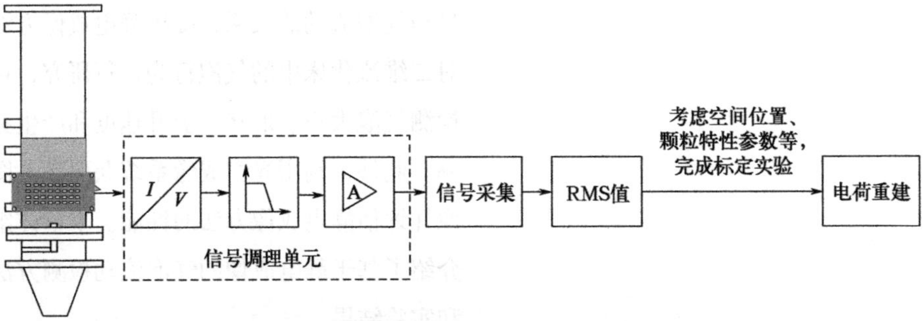

图5-1　基于静电传感器阵列进行电荷重建过程

于静电电荷的产生与多个因素有关，因此难以获得流化床中电荷的绝对值。本研究采用电极输出信号的RMS值表征流化床中的颗粒电荷的强弱。同时，考虑颗粒电荷的影响因素如湿度、温度、颗粒粒径、速度、种类等，需要通过对被测颗粒进行标定实验来确定电极感应电荷和静电信号RMS值的比例系数从而获得电极上的感应电荷值。比例系数β_i定义为

$$\beta_i = \frac{q_i}{\mathrm{RMS}} \tag{5-3}$$

式中，q_i是电极i上的感应电荷。RMS是电极上输出电压信号的RMS值。在进行电荷标定实验过程中，需要控制电荷的影响因素。最后，根据多个电极采集到的静电信号以及标定实验确定的比例系数，采用电荷重建算法处理数据可得到流化床的电荷分布。

研究发现，流化床中的电荷分布高度依赖于颗粒和气泡的空间分布[1]。由于上升气泡周围的颗粒运动比密相区的颗粒运动剧烈，气泡周围的颗粒所带电荷更多，气泡边缘的电荷可以显著地将气泡相与颗粒相分开。一旦重建流化床中的电荷分布图像，可以通过处理和分析电荷分布图像，定量得到气泡特征。

5.1.2 电荷重建算法

根据每个电极上计算得到的感应电荷，结合电荷重建算法可以获得流化床内电荷分布[2]。重建算法的选择对于提高静电成像的速度和质量尤为关键，因此需要对比和分析不同重建算法的特点从而确定最佳的电荷重建算法[3]。本研究对比了两种常用算法：双调和样条插值算法（biharmonic spline interpolation，BSI）和线性反投影算法（linear back projection，LBP）。现有研究表明，BSI方法对比基于三角形的线性插值法、三次插值法、最邻近插值法等插值方法具有得到的位移曲线更加光滑的优势，因此已经成功应用于流体动力学研究以及图像处理时提高图像分辨率[4,5]。插值过程中，测量区域被分为很多面积无限小的区域，静电传感器测量得到的参数个数为N，以$d_1, d_2, \cdots, d_N$表示各参数点的坐标，以$\alpha(d_1), \alpha(d_2), \cdots, \alpha(d_N)$表示各参数点的数值。每个小区域的坐标（$d$）和曲面位于该点的位移$\alpha$（$d$）满足双调和方程[4]，计算公式为：

$$\nabla^4 \alpha(d) = \sum_{j=1}^{N} \omega_j \delta(d - d_j) \tag{5-4}$$

式中，∇^4是双调和算子，δ（d）是Delta函数，ω_j是加权系数。式（5-4）的

一个特解为二维格林函数g_2（$d-d_j$）的线性组合，计算公式为：

$$\alpha\left(d\right)=\sum_{j=1}^{N}\omega_j g_2\left(d-d_j\right) \tag{5-5}$$

式中，已知各电极测量点的坐标d_i和测量值α（d_i）（i=1，2，…，N），系数ω_j可以通过线性方程组如式（5-6）计算得到：

$$\alpha\left(d_i\right)=\sum_{j=1}^{N}\omega_j g_2\left(d_i-d_j\right) \tag{5-6}$$

已知ω_j后，利用式（5-5）可以得到曲面位于每个坐标d_i的区域的位移α（d_i），从而绘制整个位移曲线。然后，通过BSI算法对静电传感器阵列上多个电极得到的电荷值进行插值处理，重建流化床内电荷分布。

LBP算法根据传感器的灵敏度分布特性对测量对象进行反演计算，广泛应用于层析成像技术中[1,6]。基于LBP算法，电荷分布q^*（x，y）由式（5-7）得到：

$$q^*(x,y)=\frac{\sum_i S_i(x,y)q_i}{\sum_i S_i(x,y)} \tag{5-7}$$

式中，S_i（x，y）为第i个电极上的灵敏度分布。关于静电传感器的灵敏度已在4.2.2节中详细介绍。

5.1.3 静电成像方法

图5-2展示了用于气泡特性检测的静电成像系统的原理和流程。静电传感器阵列安装在流化床的壁面上，根据静电感应原理，静电传感器阵列电极上感应电荷的波动，然后通过信号调理单元将其转换成电压信号。可以分别采用时域和频域分析方法对采集到的原始电压信号进行处理。在时域分析中，计算每个电极上电压的RMS值用来表征流化床内电荷水平，通过电荷重建方法和多个电极上信号的RMS值得到流化床中的电荷分布。研究发现，流化床中的电荷分布高度依赖于颗粒和气泡的空间分布[7]。由于上升气泡周围的颗粒运动比密相区的颗粒运动剧烈，上升气泡周围的颗粒所带电荷更多，气泡边缘的电荷可以明显地将气泡相与颗粒相分开。一旦重建流化床中的电荷分布图像，可以通过处理和分析电荷分布图像，定量得到气泡特征，如图5-2（b）所示。同时，气泡的运动引起床层静电信号的波动，因此对静电传感器阵列测得的信号进行频域分析可以用于测量气泡的产生频率。

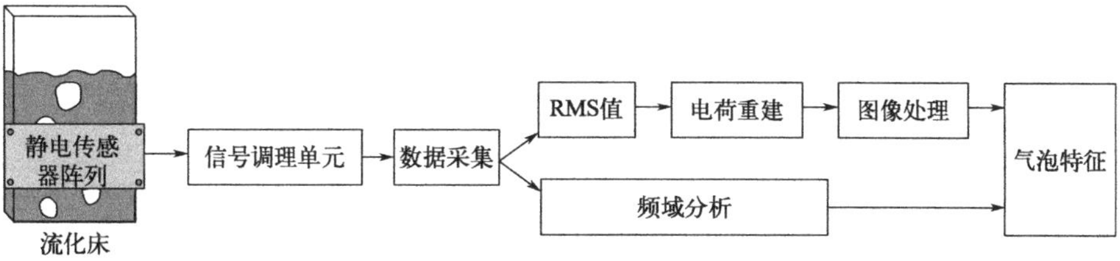

(a) 原理框图

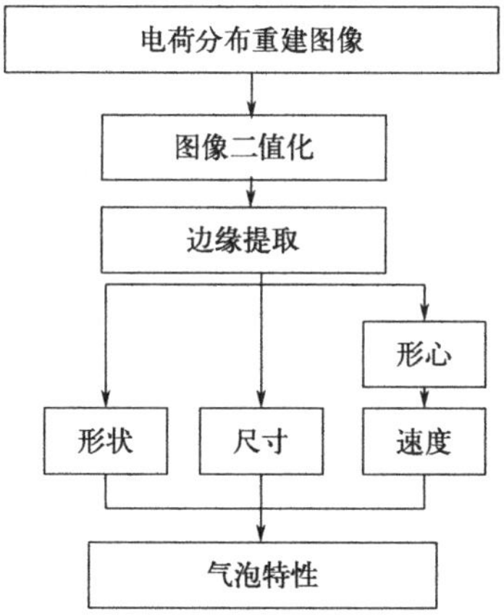

(b) 电荷重建和图像处理的流程图

图5-2　用于气泡特性检测的静电成像系统的原理和流程

如图5-2所示，本研究对电荷分布重建图像进行二值化、边缘提取、确定形心位置等图像处理，从而量化流化床内气泡特征。所有的重建和图像处理过程均在笔记本电脑上进行，该电脑配备1GHz英特尔酷睿处理器和8GB存储器（RAM）。电荷重建算法和图像处理算法的代码采用Matlab 2017自主开发。

光学成像系统用来为静电成像检测系统提供参考信息，获取静电和光学成像系统的图像之后，首先需要对图像进行预处理。对图像预处理可以去除图像噪声，便于获取清晰的气泡轮廓。图像预处理工作包括均值滤波、二值化、边缘提取和膨胀腐蚀等一系列操作。

图5-3为轮廓提取过程。首先，将电荷值映射到灰度等级，生成电荷重建的灰度图像；然后，将灰度图像转换为二值图像，使用大津法（Otsu）算法确定图像的最佳阈值从而提取气泡轮廓[8]；最后，通过伪彩色缩放将灰度图像转换为伪彩色图像，便于结果可视化。本研究中所使用的伪彩色图像的类型为喷射色图模式，可将图像灰度映射到包含不同红色、绿色和蓝色强度的特定颜色。

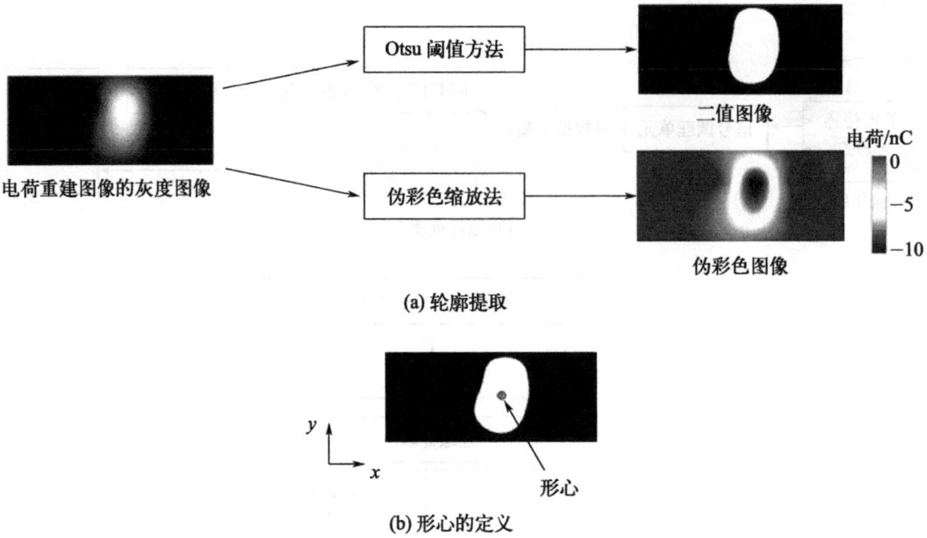

图5-3 轮廓提取和形心定义

Otsu方法是一种自适应阈值分割算法，又称最大类间方差法。此方法具有计算简单、不受图像的亮度及对比度的影响、有效且快速分割图像等优点在数字图像领域得到了广泛的应用[9]。为了更准确地提取图像中的气泡轮廓，本研究采用Otsu方法进行阈值分割。通过将图像直方图分成两个像素组（即目标组和背景组），并确保两个组之间的类间方差最大来计算最优阈值。首先，遍历灰度图像中的所有像素，计算每个像素出现的次数；然后，设置一个像素作为当前分类的阈值并将所有像素分为目标组和背景组；最后，通过式（5-8）计算两个组的类间方差V。

$$V = w_0(s_0)w_1(s_0)[u_1(s_0) - u_0(s_0)]^2 \tag{5-8}$$

式中，u_0和u_1分别为目标组和背景组的平均灰度值，w_0和w_1分别为目标组和背景组中灰度值的概率，s_0是当前分类的阈值。

通过调整阈值参数值，直至类间方差最大时，此时的阈值即为区分目标和背景的最佳阈值。根据最佳阈值，将电荷重建图像进行二值化，计算公式为：

$$b(x,y)=\begin{cases}1, q(x,y)>s\\0, q(x,y)\leqslant s\end{cases} \tag{5-9}$$

式中，$b(x, y)$为二值图中每个像素点的像素值，$q(x, y)$为重建灰度图像中每个像素点的灰度值，s是最佳阈值。采用Otsu方法确定最佳阈值，自动分割图像。在本研究中，将阈值以下的像素设置为黑色，表示颗粒相，而将阈值以上的像素设置为白色，表示气相。需要注意的是，相机采集到的照片常常含有噪声。因此，使用Otsu方法确定最佳阈值后还需要采用形态学运算中的膨胀腐蚀操作除去图像中的噪声，并且弥补图像轮廓中细长的沟壑，从而获得更加精确的气泡轮廓。为了保持一致性，对于静电成像重建的图像，也采用同样的图像处理方法。

图中除标注气泡的轮廓外，还应标示气泡的形心，如图5-3（b）所示。根据气泡的轮廓和形心的信息可以计算出气泡的大小、形状和上升速度等特征参数。但是气泡并不总是圆形的，因此气泡尺寸可用与实际气泡横截面面积相等的圆形气泡的等效直径来表示。等效直径D表示为：

$$D=\sqrt{\frac{4A}{\pi}} \tag{5-10}$$

式中，A为真实气泡的面积，可通过计算气泡轮廓内（即气泡集合R内）的像素数和比例因子a（像素与实际物理尺寸之间的比例因子）来确定，此时真实气泡的面积表示为：

$$A=a\sum_{(i,j)\in R}1 \tag{5-11}$$

圆形度C_r用于描述气泡的形状，计算公式为：

$$C_\mathrm{r}=\frac{4\pi A}{P^2} \tag{5-12}$$

式中，P是气泡轮廓的周长。对于圆形气泡，圆形度C_r为1。

通过计算相邻两幅图像中气泡形心的位移，可得到气泡速度。分别计算气泡的径向速度v_x和轴向速度v_y：

$$v_x=\frac{x_2-x_1}{\Delta t} \tag{5-13}$$

$$v_y=\frac{y_2-y_1}{\Delta t} \tag{5-14}$$

式中，x_1和y_1是第一幅图片中气泡的形心坐标，x_2和y_2是第二幅图片中气泡的形心坐标。Δt是两幅相邻图像的坐标时间间隔，由静电传感器信号的采样频率和采样时间决定，本研究中设置为20 ms。

5.2 实验验证

实验在单喷口流化床装置上进行，单喷口流化床装置的参数已经在第4.4.1节中进行详细描述。为了量化流化床装置中气泡的运动特性并验证所提出的静电成像装置，分别将静电成像系统和光学成像系统布置在流化床装置两侧。在气泡特性检测实验中，两个系统同步记录流化床中气泡的运动情况。

实验中使用直径为0.5mm、密度为2440kg/m^{3}的玻璃珠颗粒，根据Geldart分类图，玻璃珠颗粒属于Geldart B类颗粒[10]。本研究设置玻璃珠的初始静床高为0.25 m。实验过程中，环境温度和相对湿度保持恒定，分别为25℃和60%。实验在五组入口射流速度（3.96、4.76、5.56、6.34和7.14m/s）的条件下进行。并且，本研究通过在每个射流速度下重复多次实验确保提出方法的可重复性，每次实验信号总采样时间为10 s。根据重复实验的数据计算得到测量标准差。为了保证在每组射流速度下均获得稳定的气泡，在气体喷入10 s后采用静电传感器阵列和相机开始同时采样。

5.2.1 电荷重建算法比较

根据电荷重建原理，需要根据电荷标定实验确定的电荷与RMS值的比例系数，从而重建流化床中的电荷分布。流化床中颗粒所带电荷受到众多因素影响，因此在进行电荷标定实验时，需要采用重复试验求取平均值的方法得到电极感应电荷和静电信号RMS值的比例系数。并且在标定实验过程中，需要确保实验中颗粒粒径、速度、环境温度、湿度等条件保持恒定。离线采集流化一个小时的50 g袋装玻璃珠颗粒作为源电荷，由静电计（吉时利6514）测量得到源电荷的电荷值为1.623 nC。然后，将袋装玻璃珠置于流化床的中心位置，采用静电传感器阵列采集静电信号。因为电极上的感应电荷无法准确得到，可利用有限元仿真软件COMSOL建立物理模型（详见4.2.3节）计算源电荷在电极上的感应电荷值，最终通过多次实验确定电极感应电荷和静电信号RMS值的平均比例系数。

为了确定电荷重建算法，本研究分别采用BSI和LBP重建算法得到了流化床中的电荷分布图像，相机为静电传感器阵列的测量结果提供参照。图5-4为当射流速度为6.34m/s时，采用相机测得三个时间点（分别记为Case 1、Case 2和Case 3）气泡向上运动的图像，采样间隔为20 ms。对于图5-4中三个典型气泡，应用BSI和LBP重建流化床内气泡的电荷分布结果如图5-5所示。

由图5-5所示的结果可以看出，静电传感器阵列能够重建测量区域的电荷分布，并且密相区颗粒的电荷远小于气泡周围颗粒的电荷。因此可以根据流化床内的电荷分布情况判断气泡的位置和形状。根据静电检测原理，传感器的输入信号是电极上感应电荷的变化率。由于密相区的颗粒运动缓慢，因此电荷变化率较小[11]。

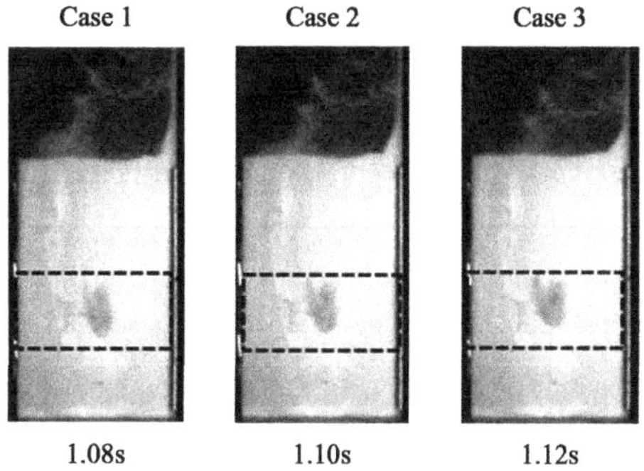

图5-4　CMOS相机拍摄的图片

彩图5-5

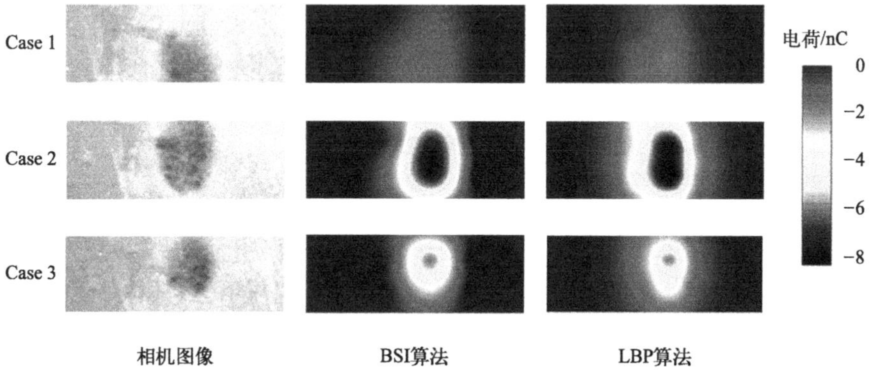

图5-5　入口射流速度6.34m/s时流化床内气泡和电荷分布图

而气泡周围的颗粒运动剧烈，因此这部分区域的电荷变化率较大。此外，从相机拍摄的图像中可以观察到气泡内部有少量的颗粒，这部分颗粒与气体具有相同的速度并随着气体向上或向下移动[12]。因为气泡内的颗粒运动速度更快、电荷变化率更高，所以气泡内的重建电荷值也就越大。

为了定量评价BSI和LBP重建算法的性能，计算了光学成像与重建图像的相关系数（correlation coefficient，CC）[13]，计算公式为：

$$\mathrm{CC}=\frac{\sum_{i=1}^{N}(b_i-\overline{B})(b_i^*-\overline{B^*})}{\sqrt{\sum_{i=1}^{N}(b_i-\overline{B})^2\sum_{i=1}^{N}(b_i^*-\overline{B^*})^2}} \tag{5-15}$$

式中，b_i和b^*_i分别为经过二值化处理后的参考图像（光学成像结果）B和重建图像B^*中第i个像素的值。$\overline{B}$ 和$\overline{B^*}$是图像B和B^*的像素平均值。N为成像区域的像素数。针对图5-5中三个典型气泡，采用相机拍摄的图像作为参考图像，得到分别采用两种重建算法计算的相关系数（图5-6）。

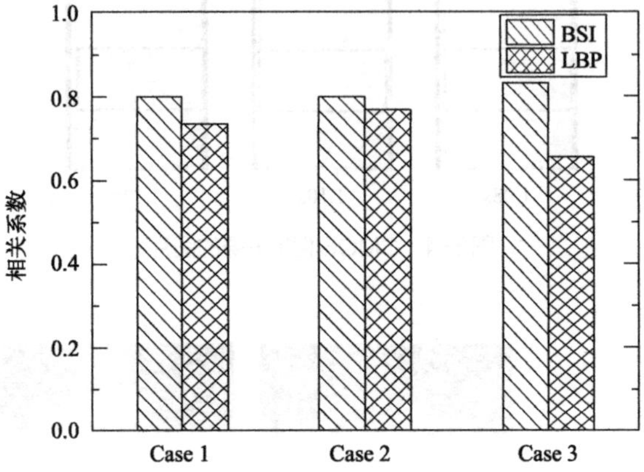

图5-6 两种重建算法的相关系数

如图5-6所示，由静电传感器阵列重建后的图像与相机拍摄图像的相关系数约为0.8。对比两种算法得到的结果，采用BSI算法的电荷重建结果的相关系数大于LBP重建算法的相关系数，这意味着采用BSI算法重建的图像更接近参考图像。并且采用BSI重建算法不需要计算静电传感器灵敏度，节省了计算时间。因此在本文的后续实验结果均采用BSI算法进行电荷重建。

5.2.2 验证标准

为了进一步验证静电成像方法的准确性，本研究采用多个指标对静电成像方法进行评价。评价指标除了上节介绍的相关系数外，还增加了相对均方根误差（relative root mean square error，RRMSE）和平均绝对误差（mean absolute error，MAE），表示重建图像与参考图像之间的误差，其定义分别如下：

$$\mathrm{RRMSE}=\left(\frac{\sum_{i=1}^{N}(b_i^*-b_i)^2}{\sum_{i=1}^{N}b_i^2}\right)^{0.5} \tag{5-16}$$

$$\mathrm{MAE}=\frac{1}{N}\sum_{i=1}^{N}\left|b_i^*-b_i\right| \tag{5-17}$$

图5-7为当入口射流速度为6.34m/s时流化床内气泡的典型图像。分别用相机和静电传感器阵列检测流化床内的典型气泡轮廓，并根据气泡轮廓计算评价指标的各项参数。

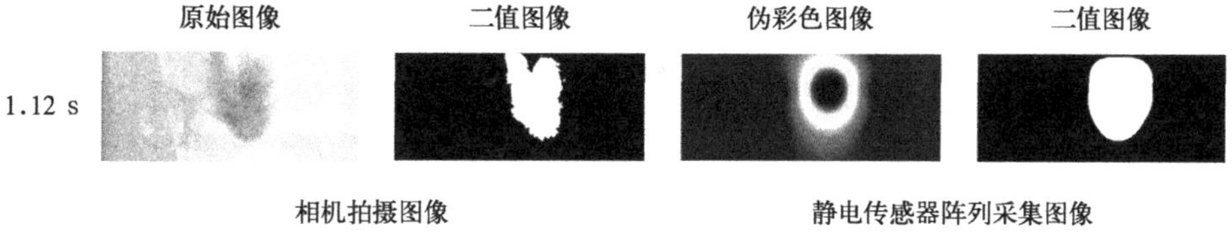

图5-7　入口射流速度为6.34m/s时气泡的图像

通过分析不同实验条件下的测量结果，计算得到RRMSE、MAE和CC的数值。结果表明，静电成像与光学成像结果的RRMSE为0.239，标准差在4.7%以内，MAE为0.053，标准差在1.6%以内。由此可见，静电成像和光学成像系统之间的误差较小。同时，相关系数为0.766，标准差在5.6%以内，表明两种成像方法得到的图像相似性较好。上述结果表明，静电成像可以应用于流化床气泡轮廓的测量，并且具有较高的精度和良好的重复性。

5.2.3　气泡形状及尺寸

根据第5.1节的检测原理，利用静电传感器阵列可以测量流化床内气泡的形状和大小。在流化床装置中，流场流型与气泡的运动密切相关。在流化床这一多气泡系统中，气泡从喷口上升经过床层的过程中也会受到流场变化的影响。上升气泡与周围气泡聚并形成大气泡、大气泡破碎成小气泡的现象一直在进行。因此，气泡的形状不断变化，主要呈圆形、椭圆形、液滴形或不规则形状。在入口射流速度为3.96~7.14m/s范围内，流化床中主要存在上述4种典型的气泡形状（图5-8）。表5-1列出了采用静电传感器阵列测量得到的典型形状的气泡的等效直径和圆形度。

静电传感器阵列测量得到的气泡形状结果与相机的测量结果有较好的一致性。观察图5-8所示结果，在相机拍摄的原始图像中气泡中间都存在一定数量的固体颗粒，这些固体颗粒被速度远高于气泡速度的射流气体带入了气泡中心位置。在气泡特性参数检测中，气泡的轮廓为最主要的测量对象，因此气泡内的颗粒部分忽略不计。

实验发现流化床内气泡的尺寸与射流速度有关，静电传感器阵列和相机同时测

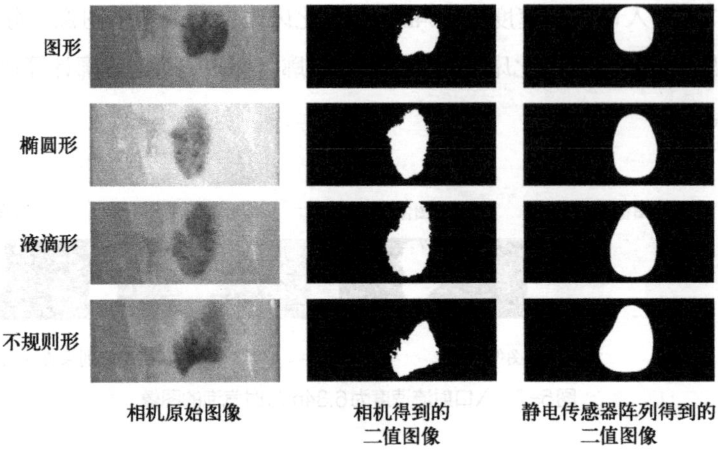

图5-8 典型气泡形状

表5-1 气泡参数

气泡形状	等效直径/mm	圆形度
圆形	17.09	0.91
椭圆形	20.90	0.86
液滴形	21.98	0.83
不规则形	22.64	0.83

量了五组不同入口射流速度条件下的气泡特性参数。图5-9对分别采用静电传感器阵列和相机测量的气泡平均等效直径进行对比。

从图5-9可以看出，气泡的平均等效直径随着入口射流速度线性增大。这是因为随着入口射流速度的增加，气体的体积也逐渐增大，这时流化床中的小气泡发生聚并形成大气泡。已有研究表明，当两个小气泡聚并成一个大气泡后，形成的新气泡体积大于原来两个小气泡的体积之和[15]。这是因为气泡边界区域存在一圈空隙率较高的区域，当两个气泡聚并时，高空隙率中的气体就进入气泡中，导致气泡的总体积增大。

与此同时，较高的入口射流速度会导致气泡破碎，流化床中产生较多小气泡，导致流化床内气泡尺寸、形状的波动范围增大。气泡的分裂破碎现象源于气泡上部边缘上的缺口，缺口随着气流扰动的加剧而逐渐加深，最终深入到气泡底部致使气

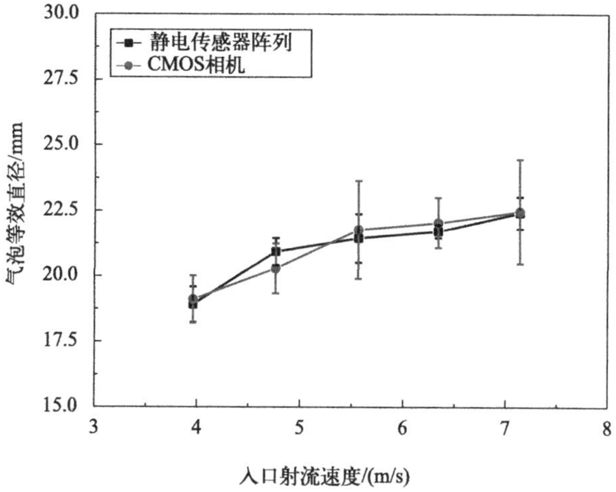

图5-9　不同入口射流速度下气泡等效直径的测量

泡破碎。气泡破碎后，形成的小气泡体积之和小于气泡破碎前体积，这与气泡边缘处高空隙率的区域特性有关。气泡的破碎和聚并过程与气固之间的相间传递现象紧密相关，这导致了气泡尺寸以及形状的多样性，因此需要通过检测气泡的形状及尺寸监控流化床中的运行状态。

根据图5-9的实验结果，静电传感器阵列测量得到的气泡尺寸与相机的测量结果非常接近。但是相机测量的气泡尺寸的标准差大于静电传感器阵列测量的气泡尺寸的标准差，这是因为静电传感器阵列的空间分辨率较低，静电传感器阵列无法完全检测气泡尺寸的波动。实验中采用相机的分辨率为1280 × 1024。裁剪相机拍摄后的图像，得到目标区域的图像，像素尺寸为379 × 162。根据测量区域的尺寸（150mm × 64mm），确定相机测量气泡的空间分辨率为0.396mm。虽然静电传感器阵列的测量分辨率相对较低，但测量精度能够满足流化床中的气泡测量要求。

5.2.4　气泡上升速度

在流化床反应器中，颗粒材料的性质，如尺寸、形状、密度、化学成分以及操作条件（入口射流速度、湿度）都可能发生显著变化，从而影响气泡的上升速度[16]。因而有必要检测气泡上升速度，全面感知气泡的运动特性。图5-10展示了入口射流速度在3.96 ~ 7.14 m/范围变化时，静电传感器阵列重建的一系列气泡图像。根据5.1.3节中的静电成像原理，通过计算相邻两幅图像中气泡的形心位置变化，可以确定气泡的径向速度和轴向速度。流化床中气体从分布板进入，沿床层轴向方向（即高度方向）向上运动形成气泡。气泡的运动方向可以分成沿床层轴向运动和沿床层宽度方向的径向运动。

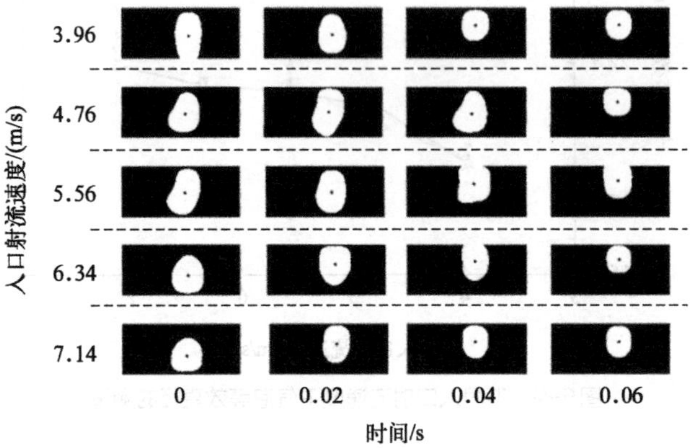

图5-10　静电传感器阵列在不同入口射流速度下重建的气泡图像

研究发现，气泡的速度取决于流化床的入口射流速度。图5-11对比了不同入口射流速度条件下，静电传感器阵列和相机得到的气泡速度测量结果。

根据图5-11的结果，采用相机和静电传感器阵列测量的气泡速度接近。基于上述两种测量方法得到的结果存在系统偏差是由于静电传感器阵列的测量原理造成的。静电成像装置是根据气泡的电荷分布结果获得气泡的形状，与气泡的真实形状存在误差，而光学相机测量流化床内气泡形状较准确。

由图5-11（a）可以看出，气泡的平均径向速度小于0.2m/s。同时，气泡的平均径向速度与入口射流速度之间没有明显的关系。产生这种现象的主要原因是气泡从喷口上升后发生聚并，形状增大或者变形，导致气泡的径向运动混乱无规律。因此，本研究将气泡的轴向速度定义为气泡的上升速度。

虽然气泡的上升速度会受到气泡的聚并及破碎的影响[17]，但仍然随着入口射流速度线性增加，如图5-11（b）所示。采用静电传感器阵列测量得到的气泡上升速度与数字相机测量得到的结果有较好的一致性。但是，相机测得的气泡平均上升速度略高于静电传感器阵列测得的结果。这主要是因为静电成像装置分辨率较低，导致气泡的形心位移测量分辨率较小。实验结果表明，当入口射流速度为3.96m/s时，静电传感器阵列和相机测量到的气泡在流化床中的最小上升速度分别为0.253m/s和0.255m/s。

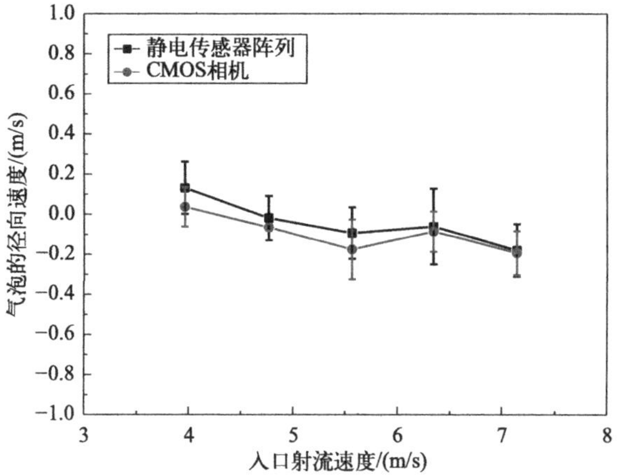

(a) 径向速度

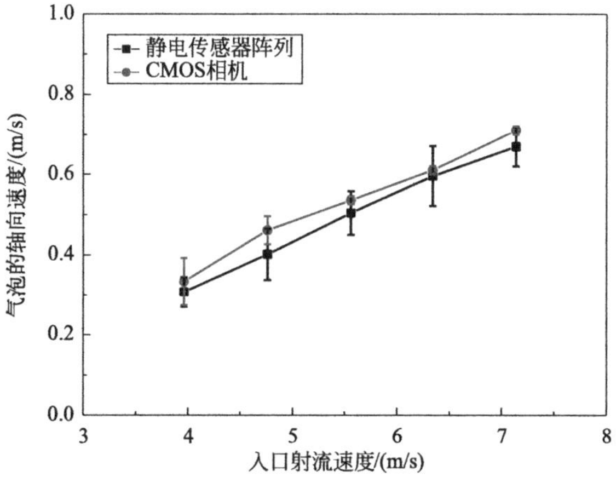

(b) 轴向速度

图5-11 不同入口射流速度下气泡上升速度的测量

5.2.5 气泡产生频率

分析五组射流速度下的气泡图像，单喷口流化床沿水平方向的可以被划分成三个流动区域，即流化床中部的射流区和壁面附近的两个环隙区[18]。流化床径向中心位置颗粒浓度较小，此处颗粒在入口射流气体的曳力作用下向上运动。然而，流化床壁面附近的颗粒浓度较大，此处颗粒通常沿壁面向下运动。此外，研究发现流化床沿中心轴向方向可细分为射流形成区、射流通道区和气泡破碎区（图5-12）。在射流形成区，射流从流化床底部喷口处稳定产生，颗粒分散在射流气体两旁。射流通道区气泡向上运动，气泡顶部压力高，底部压力小，因此气泡底部区域部分颗粒被卷入气泡中形成尾涡。在气泡破碎区，气泡顶部出现缺口发生破碎现象，部分颗粒从气泡顶端下落。

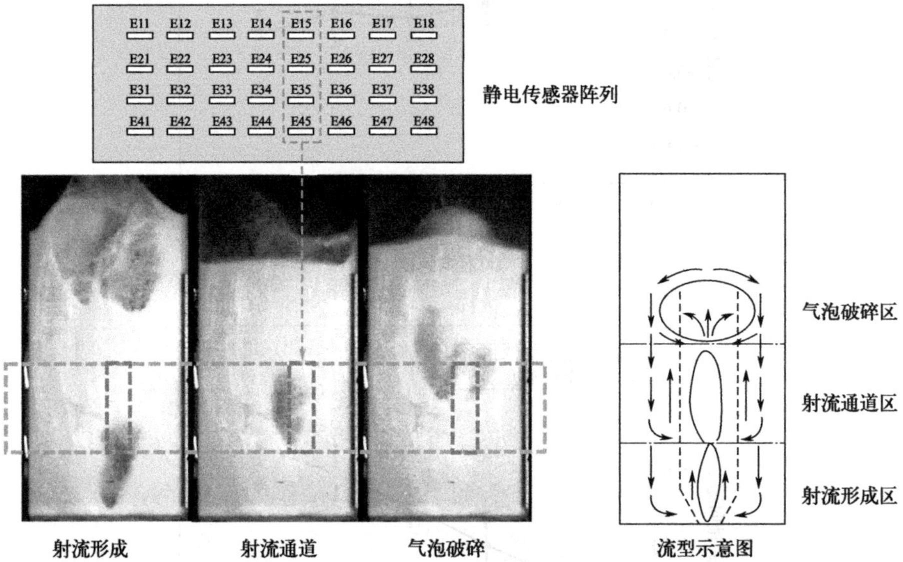

图5-12　流化床中的典型流型

如图5-12所示，静电传感器阵列中的电极E45、E35和E15分别靠近射流形成区、射流通道区和气泡破碎区。由于E25电极与E35电极的位置接近，流型的结果也很接近，因此E25电极不单独讨论。在流化床运行过程中，高速射流产生的气泡将固体颗粒带入射流形成区，并沿射流通道区向上运动。气泡产生频率反映了流体的运动剧烈程度和流化状态是重要的流体流动参数。功率谱密度（power spectral density，PSD）是从频域上分析气固流化床内信号的最常用的方法之一[19,20]。由PSD得到的主频可以有效地表征气泡的运动特性。因此，本文对静电传感器阵列采集的信号进行PSD分析，从而获得气泡的产生频率。图5-13为不同射流气体速度下不同电极信号的归一化PSD结果，表5-2为图5-13中不同电极信号PSD对应的主频值。

根据静电成像的气泡频率检测原理，电极信号的振荡频率可指示气泡的产生频率。E15电极的归一化PSD（图5-13）表明，E15电极信号的频带较宽，电极信号不稳定。这是因为E15电极位于流动特性最不稳定的气泡破碎区。此外，根据

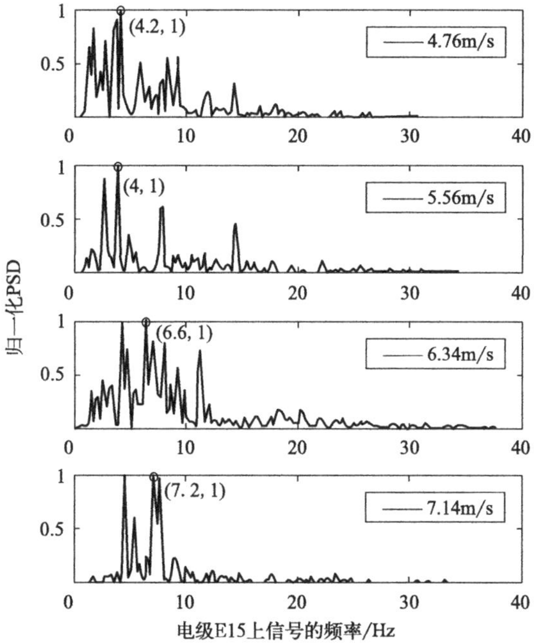

(a) 电极E15

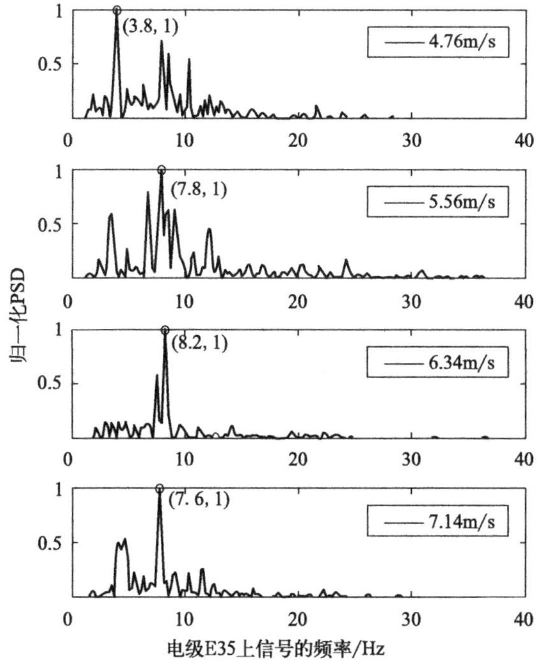

(b) 电极E35

图5-13

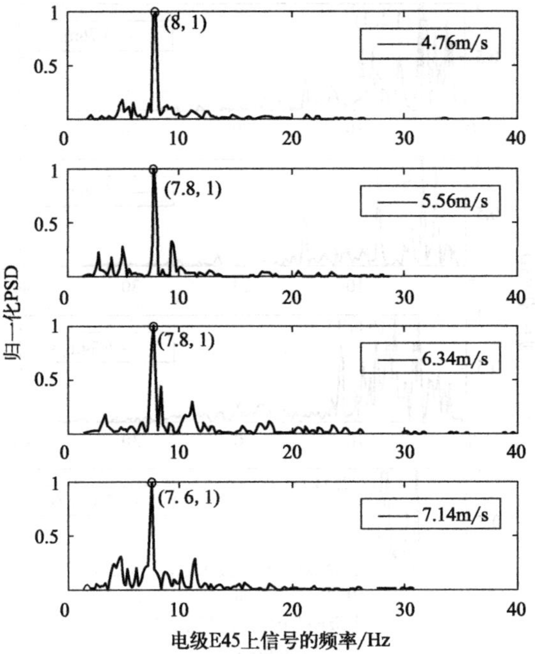

(c) 电极E45

图5-13 电极信号的PSD值

表5-2 电极信号的主频

入口射流速度/（m/s）	电极信号主频/Hz		
	E15	E35	E45
4.76	4.2	3.8	8
5.56	4	7.8	7.8
6.34	6.6	8.2	7.8
7.14	7.2	7.6	7.6

表5-2的数据，E15电极信号的主频会随着射流速度的增大而增大。这是因为随着射流速度增加，流化床中气泡破碎现象更加明显。

当射流速度为4.76和5.56m/s时，E35电极信号均出现较宽的频带。但随着射流速度的增加，E35电极信号的频带变窄。同时，E35电极信号的主频随着射流速度的增大而增大，并保持在7.6 ~ 8.2 Hz范围内。由于E35电极位于射流通道区，该区域气泡主要向上流动。当射流速度较低时，射流速度对气泡产生频率有显著影响。当射流速度增大时，气泡的形成趋于稳定。因此，当射流速度较高时，气泡产生频率受射流速度的影响较小。

来自静电传感器阵列底部电极E45的信号频带较窄。由表5-2的数据可以看出，当入口射流速度为4.76 ~ 7.14m/s时，来自E45电极的信号主频为7.8 Hz左右。这是因为E45电极靠近射流形成区，气泡在该位置连续形成，气泡产生频率稳定。综上所述，对静电传感器阵列信号的频域分析可揭示流化床中的流体动力学特性。

参考文献

[1] Xu C，Wang S，Yan Y. Spatial selectivity of linear electrostatic sensor arrays for particle velocity measurement[J]. IEEE Transactions on Instrumentation and Measurement，2013，62（1）：167-176.

[2] Zhang W B，Yan Y，Qian X C，et al. Measurement of charge distributions in a bubbling fluidized bed using wire-mesh electrostatic sensors[J]. IEEE Transactions on Instrumentation and Measurement，2017，66（3）：522-534.

[3] 高鹤明，许传龙，付飞飞，等 . 迭代正则化修正的电荷层析成像算法 [J]. 中国电机工程学报，2010（35）：4.

[4] Qian X C，Yan Y，Wu S T，et al. Measurement of velocity and concentration profiles of pneumatically conveyed particles in a square-shaped pipe using electrostatic sensor arrays[J]. Powder Technology，2021，377：693-708.

[5] 吴诗彤 . 基于静电传感器阵列的颗粒质量流量测量 [D]. 北京：华北电力大学，2019.

[6] Loser T，Wajman R，Mewes D，et al. Electrical Capacitance Tomography：image reconstruction along electrical field lines[J]. Measurement Science and Technology，2001，12（6）：1083-1091.

[7] Chen A，Bi X，Grace J. Charge distribution around a rising bubble in a two-dimensional fluidized bed by signal reconstruction[J]. Powder Technology，2007，177（3）：113-124.

[8] Zhao Y，Liu S，Hu Z，et al. Separate degree based Otsu and signed similarity driven level set for segmenting and counting anthrax spores[J]. Computers and Electronics in Agriculture，2020，169：105230.

[9] 白晓静 . 基于数字成像的单颗粒燃料燃烧特性研究与炉膛火焰监测 [D]. 北京：华北电力大学，2017.

[10] Geldart D. Types of gas fluidization[J]. Powder Technology，1973，7：285-292.

[11] Zhang W B，Yan Y，Yang Y，et al. Measurement of flow characteristics in a bubbling fluidized bed using electrostatic sensor arrays[J]. IEEE Transactions on Instrumentation and Measurement，2016，65：703-712.

[12] Qian X C，Yan Y，Huang X B，et al. Measurement of the mass flow and velocity distributions of pulverized fuel in primary air pipes using electrostatic sensing techniques[J]. IEEE Transactions on Instrumentation and Measurement，2017，66：944-952.

[13] Xu C L，Wang S M，Tang G H，et al. Sensing characteristics of electrostatic inductive sensor for flow parameters measurement of pneumatically conveyed particles[J]. Journal of Electrostatics，2007，65（9）：

582-592.

[14] 金涌，祝京旭，汪展文，等 . 流态化工程原理 [M]. 北京：清华大学出版社，2001.

[15] Agu C，Tokheim L，Eikeland M，et al. Improved models for predicting bubble velocity，bubble frequency and bed expansion in a bubbling fluidized bed[J]. Chemical Engineering Research and Design，2018，141：361-371.

[16] Shrestha S，Gan J，Zhou Z. Micromechanical analysis of bubbles formed in fluidized beds operated with a continuous single jet[J]. Powder Technology，2019，357：398-407.

[17] Zhang K，Yu B，Chang J，et al. Hydrodynamics of a fluidized bed co-combustor for tobacco waste and coal[J]. Bioresource Technology，2012，119：339-348.

[18] Werther J. Measurement techniques in fluidized beds[J]. Powder Technology，1999，102：15-36.

[19] Movahedirad S，Dehkordi A，Banaei M，et al. Bubble size distribution in two-dimensional gas-solid fluidized beds[J]. Industrial Engineering Chemistry Research，2012，51：6571-6579.

第6章 基于静电传感器阵列的谷物湿度分布测量

流化床干燥器内湿度分布的准确检测是探究物料的复杂干燥特性、连续监控流化床的运行状态以及提高干燥过程效率的重要途径。本章首次将静电传感器阵列用于流化床中湿度分布测量，研究其应用于湿度分布检测的工作原理、适用范围及测量精度。采用静电传感器阵列进行湿度分布检测时，本研究首先建立静电传感器信号RMS值与颗粒湿度之间的经验关系式。同时，通过对静电信号进行互相关运算确定谷物颗粒互相关速度，对静电信号进行解耦。在此基础上，利用多个静电电极上的测量信号和重建算法得到流化床内湿度分布。本章详细介绍了基于静电传感器阵列的湿度分布检测原理和实验装置，探究不同实验工况对流化床内湿度分布的影响规律。

6.1 流化床食品干燥技术

农产品干燥是其储藏增值和深加工预处理工序的重要工序，是农产品加工的重要组成部分。干燥作为一门既古老又年轻的学科，从古代茹毛饮血到现代文明在促进人类变革及经济社会发展中都发挥着重要作用，在工农业和食品等领域均有广泛的应用。近些年，由于国家对农业及食品营养安全的重视，促进了农产品加工产业的快速发展。农产品加工是工业与农业连接的纽带，是城市与农业联通的桥梁，是实现三产融合的主要手段，是促进乡村振兴深入实施的关键着力点，也是保障国民营养安全的有效措施。农产品干燥也由自然晾晒发展到机械化烘干。干燥技术通过突破热质传递强化、新型热源开发、模型构建优化和水态检测分析等关键技术，推动干燥技术发展为热风干燥、流化床干燥、滚筒干燥、冷冻干燥、红外干燥等技术。

6.1.1 流化床干燥原理

目前干燥技术已经借助现代工业技术，实现了部分干燥的品质在线检测、参数自动调节、过程智能控制，为推动干燥技术的全面技术优化升级提供坚实基础。但当前我国干燥产业和其他产业的农业机械化现状存在着同样的问题，即基础薄弱，发展时间短，部分关键零部件缺乏，由此导致一系列问题：

①高污染、高能耗：如目前仍然占有一定比例的传统的生物质烘房。在大多数发达国家，干燥过程所消耗的能量占全国总能耗的7%~15%。干燥是我国主要耗能行业，约占全国总能耗的8.40%，而农产品干燥加工约占干燥行业能耗的12%。

②品相差及效率低：传统热风干燥温度高易破坏物料品质；热敏性农产品需利用低温干燥，而常规的低温热风干燥速率低，如澳洲坚果热风烘干房需要3周左右才能达到安全水分；食用菌和果蔬干自然晾晒仍存在一定比例。

③工艺制定及参数设定多数依靠经验，缺乏理论指导：首先国内干燥装备制造业存在理论及经验脱节问题，如部分装备研发人员不懂工艺，工艺制定人员不懂装备；其次装备设计与操作缺乏理论指导，无法用数学方法准确描述，主要靠经验。

④智能化程度不高：如难以实现干燥过程品质在线无损检测及过程精准控制。提升干燥设备智能化程度，突破对复杂工况的自适应与干燥品质的自动化测控等技术将推动产业变革。

⑤果蔬机械化干燥比例低：截至2019年，蔬菜与水果的机械化保质水平只有

5%和12%，低于粮食和油料的25%和28%，远低于棉花的45.9%和茶叶的47%。提升农产品机械化干燥水平，是补齐农产品初加工短板的重要环节，也是助力碳达峰与碳中和的重要手段。

干燥是谷物加工过程的重要环节，流化床干燥器也被广泛应用于谷物干燥过程。流化干燥是运用流态化技术对颗粒状固体物料进行干燥的方法。在流化床中颗粒分散在热气流中，上下翻动、互相混合和碰撞，气固两相既有热量传递又有质量传递，气流和颗粒间又具有大的接触面积，故体积传热系数较高，热效率高。相较于其他干燥方式，流化床干燥效率高，还可防止物料与外界的交叉污染，使环境清洁。

6.1.2 干燥工艺对谷物品质的影响

稻谷的干燥过程是受到很多因素的影响的，其中既包括干燥方法的不同，也包含干燥工艺参数的区别，直接的是稻谷的各品质指标的变化，选取合适的干燥方法和干燥工艺参数尤为重要。总结不同因素对干燥后稻谷品质的影响为试验设计打下良好基础。

6.1.2.1 外观品质

稻谷的外观品质有爆腰率和表面颜色（L值、a值、b值）。其中爆腰影响稻谷加工品质和稻米食用品质，是影响稻谷重要的品质指标。干燥会造成稻谷内外水分的分布不均，从而稻谷的腰部会出现两环甚至三环的裂纹，即为爆腰。干燥设备及干燥工艺参数在选取时一定要充分考虑其对稻谷爆腰的影响。爆腰的稻谷粒极易在碾米的过程中被碾碎而影响其整精米率。爆腰的机理一般认为是：在高温热风干燥过程中，稻谷颗粒内部应力发生变化，当应力大小及温湿度条件达到一定条件时，稻谷颗粒则会产生裂纹，甚至发生破裂最终产生爆腰。研究发现，采用低温大风量对稻谷进行干燥，干燥速度明显提高，可减少爆腰率，保证了稻谷品质。研究表明，不同干燥方式条件下，稻谷的爆腰率会随着干燥温度的升高而逐渐增大。不同干燥方式对稻谷表面颜色产生影响，稻谷色度a值、b值均随干燥温度的上升而上升，明度L值随干燥温度的上升而下降，则说明随着干燥温度的升高稻谷表面的颜色是由浅（白）向深（黑）、由绿蓝向红黄颜色变化。不同储藏温度下，稻谷表面颜色L值随储藏时间延长而下降，且温度越高下降越明显，a值、b值随储藏时间的延长而上升，且温度越高上升越明显。

6.1.2.2 加工品质

出糙率、整精米率作为国家定等稻谷质量的标准指标来评价稻谷加工品质优劣。在粮油贸易中，整精米率直接关系到整批稻米的经济价值，而稻谷的出糙率又显著影响其整精米率大小。如何最大限度增加整精米产量是水稻加工过程一直追求的。而干燥温度是它的一个重要影响因素。一般而言，干燥温度升高，稻谷的出糙率下降。在干燥过程中加入缓苏过程，可以有效提高稻谷的整精米率。

6.1.2.3 蒸煮品质

干燥后稻米的蒸煮品质直接与其食用价值相关，蒸煮品质的好坏直接影响其经济价值，米饭的质构特性可用于评价稻米蒸煮品质的优劣。质构仪测得的米饭质地指标与食用品质相关性很好。直链淀粉含量与米饭的质构特性相关，直链淀粉含量与米饭硬度正相关，与黏度负相关，并且与黏度的相关性更密切。研究发现随着干燥温度的升高，稻谷内部的活性成分容易产生热变性，并且在其内部水分快速扩散时，细胞壁膜遭到破坏。这些变化破坏了稻米的食味品质，使米饭的黏性变小，硬度增大，口感变差，失去了其特有的风味，食味品质下降。

6.1.2.4 糊化特性

稻米的糊化特性是根据快速黏度分析（RVA）图谱的有关参数来进行表征的。较高的峰值黏度和崩解值，较低的消减值表明米饭黏性大、弹性好、食用品质较好，可以用RVA所测得的糊化特性来建立其与其他食味品质的相关性。研究发现峰值黏度、最低黏度、崩解值、最终黏度、回生值总体上随着干燥温度、缓苏温度和缓苏时间的增加而增加，但也存在一些波动；干燥温度、缓苏时间影响的显著性低于缓苏温度的影响。

6.1.2.5 其他化学指标

脂肪酸值的大小可以表征稻米是否宜食用和储藏，一般认为当脂肪酸值大于等于25g/100g时，就不适宜储藏了，对稻米品质劣变的表征使得检测脂肪酸值这一指标意义重大。稻米脂肪酸含量直接影响到米饭的适口性、滋味、光泽、气味等。

6.2 检测原理

在流化床中干燥过程中，湿度是影响湿颗粒电荷的重要因素。根据摩擦起电理论，可建立充电模型为[1]：

$$\frac{\mathrm{d}q}{\mathrm{d}t}=\alpha(q_s-q)-\beta q \qquad (6\text{-}1)$$

式中，q_s是在无泄漏条件下的饱和电荷，α和β分别是电荷产生系数和耗散系数。

鉴于水的分子结构，有研究提出一种基于水合离子簇（H_2O）$_nH^+$和（H_2O）$_nOH^-$及其聚合物的电荷耗散机制[2]。基于这一理论，水合离子团簇作为主要电荷载体，将颗粒表面电荷重新分配并释放到自由空间。水合离子可以通过一系列反应自然形成：

$$(H_2O)_n^+ + H_2O \longrightarrow OH^- + (H_2O)_n H^+ \tag{6-2}$$

$$(H_2O)_n + OH^- \longrightarrow (H_2O)_n OH^- \tag{6-3}$$

由于离子团簇的移动性和流化床内的局部电场作用，大量凝聚的水合离子团簇出现在颗粒表面，导致颗粒所带的静电荷极小。在此过程中，离子团簇作为载流子与流态化气体或接地物体接触，中和颗粒上的电荷，致使颗粒上的电荷重新分配到自由空间，减少颗粒上的电荷积累[2]。

谷物颗粒的电荷水平反映了颗粒的湿度信息，因此可以通过静电传感器阵列测量颗粒电荷，从而检测颗粒湿度。采用静电传感器测量了谷物干燥过程中流化床内颗粒的静电信号，发现了静电信号与湿度存在着一定的关系，但是由于颗粒所带电荷受到多种因素影响，明确建立颗粒湿度和静电信号之间的理论方程面临挑战。本研究首次尝试通过实验研究确定静电信号与颗粒湿度之间的关系，建立谷物的湿度测量模型。然后将多个电极的静电信号数据结合重建算法，得到流化床内谷物湿度分布结果。

图6-1是利用静电传感器阵列对流化床内湿度分布检测的原理图。为了测量湿度分布，在流化床外壁上安装一个多电极构成的静电传感器阵列。关于静电传感器阵列的设计及其灵敏度分布的介绍，可见第2章。流化床干燥谷物过程中，谷物颗粒带有一定量的静电电荷。当带电谷物颗粒通过电极时，电极表面产生感应电荷。谷物颗粒的速度和湿度共同决定了颗粒的电荷量，从而影响了电极表面的感应电荷。静电传感器阵列信号的均方根值（RMS）一般用来表征颗粒所带电荷强度[1,3,4]。研究表明，静电信号的RMS值随颗粒湿度的增加而降低[4]。颗粒速度决定了流化床中颗粒摩擦起电的程度，从而影响静电传感器信号的RMS值。颗粒速度越大，颗粒上产生的静电荷越多[5]。

为了利用静电感应技术进行湿度检测，需要将颗粒速度和湿度对静电信号RMS值的影响进行解耦。静电传感器已成功应用于气力输送管道中颗粒的速度测量[6]。与稀相的气力输送管道相比，颗粒在密相的气固流化床中运动更加复杂，这给流化床中的颗粒速度测量带来了挑战。在流化床中，当带电谷物颗粒流经静电传

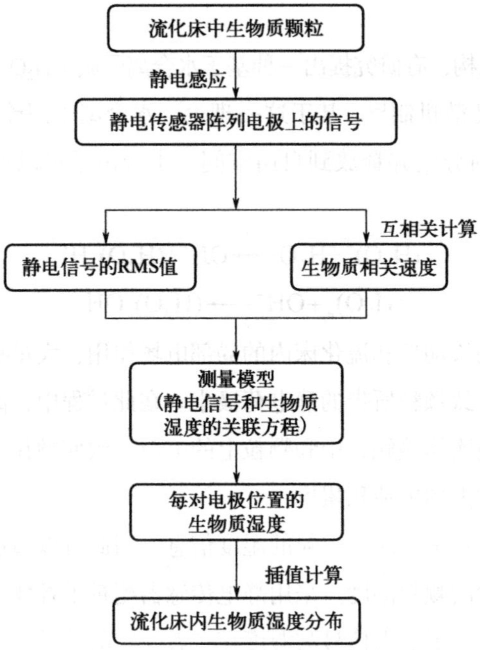

图6-1　湿度分布检测原理图

感器阵列的敏感区域时，采集静电传感器阵列上下游电极信号，通过互相关算法确定谷物的相关速度[5,7]。因此，根据谷物速度和静电传感器信号RMS值可以建立湿度的测量模型。然后，基于BSI算法，利用多电极对的湿度值实现流化床湿度分布重建。

为了测量谷物的湿度分布，需要首先明确静电传感器信号的特性与颗粒湿度的关系。因此，本研究通过对测量系统进行标定，获得不同操作条件下的湿度结果。具体方法为通过回归分析确定静电传感器的信号特性与颗粒湿度之间的关系。研究中利用卤素水分分析仪测量谷物的参考湿度，根据静电传感器信号的平均RMS值和颗粒速度，得到回归方程。干燥过程中的颗粒湿度为：

$$M(x,y)=M_0-a\overline{\mathrm{RMS}}(x,y)^b \tag{6-4}$$

式中，$M(x, y)$是在流化床(x, y)位置上谷物颗粒的湿度。M_0是谷物的初始湿度，系数a和b为经验公式参数，通过曲线拟合得到。$\overline{\mathrm{RMS}}(x, y)$是每组电极对两个信号的平均RMS值。系数$a$与颗粒的速度$v_{gk}$有关，公式为[3]：

$$a=cv_{gk}^d+e \tag{6-5}$$

式中，系数c，d和e均为经验公式的系数。

静电传感器阵列测量流化床内的湿度分布，需要采用24组电极对信号。图6-2为静电传感器阵列的结构示意图，将传感器阵列的32个电极分为24组电极对（即A1B1、A2B2、……、B1C1、B2C2、……、C1D1、C2D2、……、C8D8电极对），每组电极在轴向上包含两个相邻的电极，分别为上游电极和下游电极。

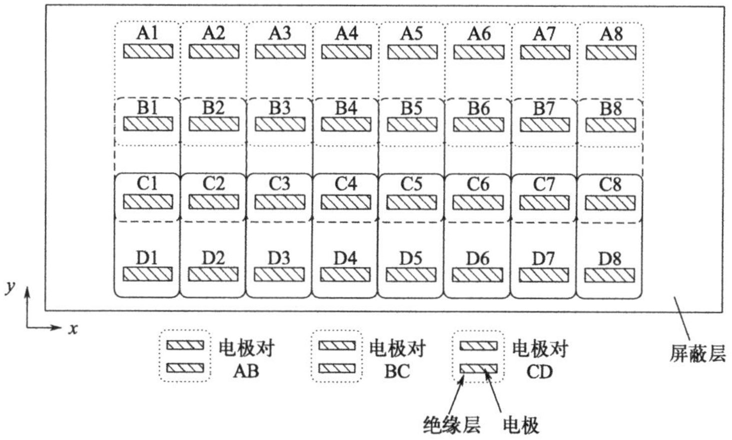

图6-2　静电传感器阵列上电极对的示意图

公式（6-5）中所用的速度v_{gk}是通过计算24组电极对的平均相关速度得到的。根据互相关测速法，已知上下游传感器的距离，分析上下游传感器信号的相关性，求得两个信号之间的时间延迟，从而实现速度测量。互相关函数和归一化相关函数可以分别定义为：

$$R_{xy}(\tau)=\frac{1}{T}\int_0^T x(t)y(t+\tau)\mathrm{d}t \tag{6-6}$$

$$\rho_{xy}(\tau)=\frac{R_{xy}(\tau)}{\sqrt{R_{xx}(0)R_{yy}(0)}}=\frac{\int_0^T x(t)y(t+\tau)\mathrm{d}t}{\sqrt{\int_0^T x^2(t)\mathrm{d}t\times\int_0^T y^2(t)\mathrm{d}t}} \tag{6-7}$$

式中，R_{xy}（τ）是随机信号x（t）和y（t）在一个测量周期T内的互相关函数，ρ_{xy}是归一化相关函数，可以用于计算相关系数。需要注意的是，积分时间T（测量周期）表示互相关计算时的采样点数。积分时间越长，采用互相关算法计算的结果就越精确。但是不能无限制增加积分时间，因为增加积分时间会减少系统的动态响应，并且系统也需要更高的硬件性能以计算互相关函数[8]。但同时积分时间也不能太短，这是因为互相关测速的标准差会随着积分时间的减少而增加，因此对于颗粒速度测量需要确定合适的积分时间。此外，互相关测速对信号有较强依赖，由于流体流动的复杂性，颗粒的尺寸和带电量的位置不确定，因此很难保证两路信号完全一致，导致互相关系数降低，进而导致测量的速度产生较大波动。通常认为互相关系数的绝对值大于0.6时是可以使用的。为了进一步去除测量信号中的噪声信号，可以对采样得到的信号进行滤波，或使用最小二乘法拟合相关曲线，进而达到减小误差的目的。

采用每对电极（电极g和电极k）测量颗粒的相关速度，公式为：

$$v_{gk}(x,y)=\frac{L_{gk}}{\tau_{gk}} \tag{6-8}$$

式中，v_{gk}（x，y）是每组电极对中心位置（x，y）的颗粒相关速度；g，k为A1、A2、……，D8；L_{gk}为电极g与k之间的轴向距离；τ_{gk}是来自上游和下游电极的信号互相关运算得到的时间延迟，这是通过定位归一化相关函数的峰值获得的，而峰值位置的纵坐标即为上下游信号之间的互相关系数。对于流化床来说，静电信号得到的互相关系数可以表征流化床内颗粒流动的稳定程度。

由于电极敏感区的所有颗粒都对静电传感器信号的变化有贡献，因此相关速度定义为敏感区内颗粒云的速度，其反映了若干带电颗粒的运动。同时，由于气泡上升过程中携带密相区的颗粒向上运动占有较大比例，颗粒的平均相关速度始终为正[5,9]。因此，对静电信号进行互相关运算能够为表征谷物颗粒的运动状态提供一种可行的方法，并为静电信号RMS值的解耦提供重要参数。

根据公式（6-4）中的湿度测量模型，可得到流化床内位于（x，y）处的谷物湿度，然后利用BSI算法重建流化床的湿度分布。图像重建工作采用硬件为1 GHz英特尔酷睿处理器和8GB RAM的笔记本电脑。BSI算法基于Matlab 2017平台自主开发，重建一张图像大约需要0.6秒。

6.3 实验验证

干燥谷物实验在鼓泡流化床中进行。为了研究不同实验条件下的流化床内湿度分布，设置了由五组空气流速和五组空气温度构成的25组实验工况（表6-1）。在实验期间，进入流化床的空气相对湿度保持恒定，为7%。

玉米是一种谷物材料，也是典型的生物质材料，在火力发电厂中被用作可再生燃料[10]。本研究以研磨后的玉米渣颗粒为试验材料，玉米渣颗粒的密度约为

表6-1 实验条件

空气温度 T/℃	空气速度 V/（m/s）				
	0.31	0.37	0.43	0.49	0.56
45	T1V1	T1V2	T1V3	T1V4	T1V5
52	T2V1	T2V2	T2V3	T2V4	T2V5
60	T3V1	T3V2	T3V3	T3V4	T3V5
67	T4V1	T4V2	T4V3	T4V4	T4V5
75	T5V1	T5V2	T5V3	T5V4	T5V5

1100kg/m^3，平均直径约为1mm。根据玉米渣颗粒的物理性质，其属于Geldart D颗粒[11]。需要指出的是，流化床中干燥物料颗粒粒径应当满足0.03~6mm。粒径过细，流化床干燥时容易产生沟流现象。反之，若粒径过大，则流化床干燥器必须在高气速下操作，能耗较大。实验前预先准备一批重2.5 kg、初始湿度（质量分数）为16.5%的湿玉米渣颗粒。然后，将湿颗粒置于恒温湿箱中保存至少6h，以确保实验测试前玉米渣颗粒湿度分布均匀。玉米渣颗粒的最小流化速度约为0.216m/s，数据通过传统的差压法来测定[12]。

6.3.1 平均湿度

为了利用静电传感器阵列测量湿度，对传感器阵列测量的电极信号RMS值与湿度进行回归分析。由于不同工况下谷物颗粒的初始湿度已知，故公式（6-4）可以简化为：

$$\Delta M = a \times \overline{\mathrm{RMS}}^{b} \tag{6-9}$$

式中，ΔM是湿度差，$\overline{\mathrm{RMS}}$是静电传感器阵列上所有电极信号RMS值的平均值。根据空气速度均为0.43m/s、两种不同空气温度45℃和75℃（T1V3和T5V3）下的实验数据，可得到拟合曲线，如图6-3所示。其中，静电传感器阵列测量得到的信号被分成14段，计算每个数据段的RMS值和湿度差的平均值。经过计算后的14个RMS值的平均值对应于图4-3中每个数据点的横坐标，14个湿度差的平均值对应于图6-3中每个数据点的纵坐标。

从图中可以看到，静电传感器信号的平均RMS值随着湿度差的增大而增大。拟合曲线的决定系数R^2为0.93。研究发现，公式（6-9）中的系数a与谷物的相关速度有关，如表6-2所示。而公式中系数b的数值相近，可通过对不同速度下标定

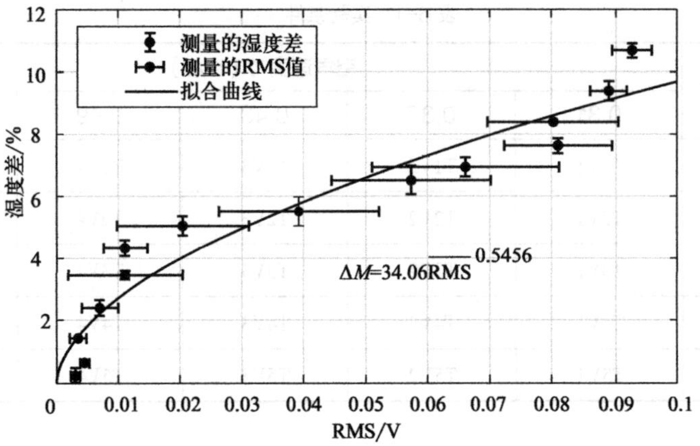

图6-3　静电传感器信号的RMS值与湿度差之间的回归曲线

的曲线系数求均值确定，为0.6158。

表6-2　系数 *a* 和 *b*

互相关速度 / (m/s)	*a*	*b*
0.23	106.30	0.6830
0.36	33.85	0.5498
0.44	41.24	0.6878
0.51	32.06	0.5717
0.60	29.56	0.5869

为了获得公式 *a* 的拟合曲线，采用多组实验数据进行拟合。图6-4为系数 *a* 与颗粒相关速度的幂指数拟合曲线，拟合曲线的决定系数 R^2 为0.99。

对不同的颗粒材料和干燥过程，公式（6-4）和（6-5）中的系数需要通过相应的实验标定来确定，标定过程采用最小二乘法实现。由图6-3和图6-4的拟合曲线得到的公式（6-4）具体形式如下：

$$M(x,y)=M_0-\left(0.00253v_{gk}^{-7.017}+31.86\right)\overline{\mathrm{RMS}}(x,y)^{0.6158} \tag{6-10}$$

本研究也建立了另一种常用的生物质材料苹果木木屑颗粒（密度为0.83 kg/m³，粒径范围1~3mm）的湿度模型。木屑颗粒为棒状形状，是典型的非球形生物质颗粒。实验得到苹果木木屑的测量模型方程为：

$$M(x,y)=M_0-\left(6.965v_{gk}^{-1.849}+101\right)\overline{\mathrm{RMS}}(x,y)^{0.8145} \tag{6-11}$$

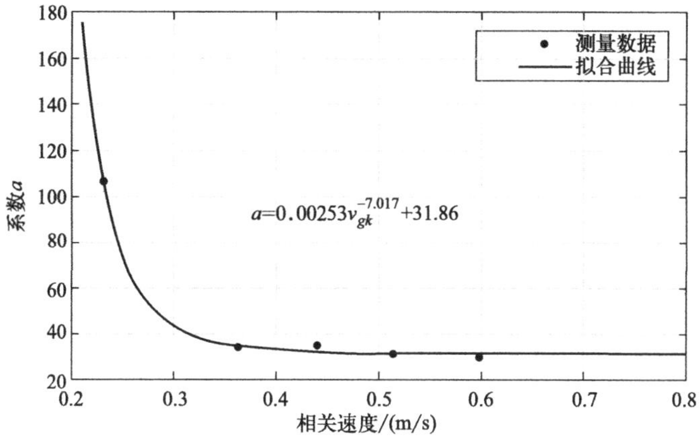

图6-4　谷物颗粒相关速度与系数a的回归曲线

通过对比公式（6-10）和（6-11）发现，不同材料的湿度测量方程差异较大，这可能是因为颗粒的形状、密度、介电常数都是影响静电电荷信号的重要因素，对基于静电感应的湿度测量模型方程的参数影响较大。

电极采集到静电信号后，电极对中心位置的谷物湿度根据公式（6-10）确定。计算24组电极对的湿度平均值即可得到测量区域的平均湿度。图6-5为采用静电传感器阵列和卤素水分分析仪分别在不同入口空气速度下获得的流化床内颗粒的平均湿度。从图中的结果可以看出，随着干燥时间的增长颗粒的平均湿度明显降低。在

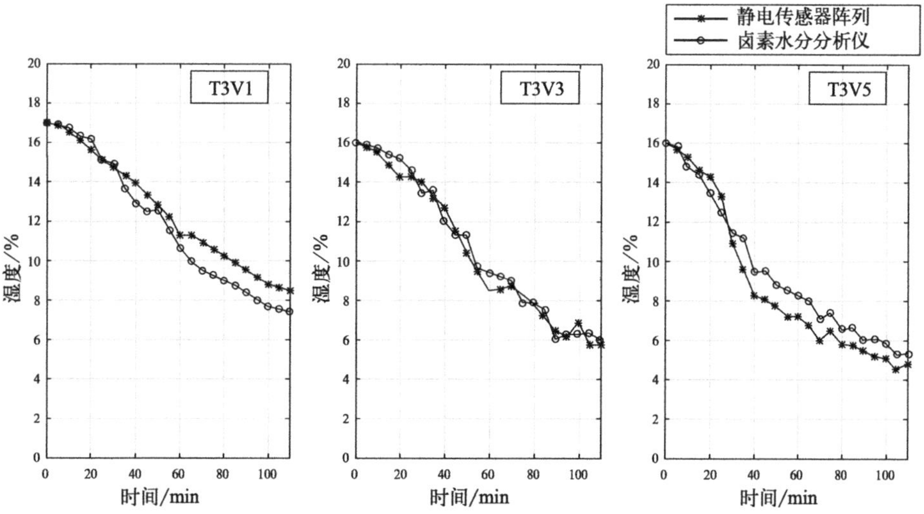

图6-5　不同入口空气速度下的流化床内平均湿度

T3V3操作条件下两种方法的测量结果非常接近，在T3V1和T3V5工况下干燥前期测量的结果接近，但是在干燥后期湿度值测量结果存在一定的差异。T3V1工况下，静电传感阵列测得的颗粒湿度高于参考湿度。这是因为空气流速越低，干燥效率越低。由于颗粒湿度较高，静电传感器阵列测得的信号幅值较小，测量误差较大。T3V5工况下静电传感阵列测得的颗粒湿度低于参考湿度。随着空气速度增加，流化床内的流动变得剧烈，并且采样口的颗粒难以代表整个测量区域的实际湿度。

为评价静电传感器阵列测量颗粒湿度的性能，比较了不同工况下参考湿度与测量结果的相对误差，如图6-6所示。

通过分析测量结果，T3V3条件下静电传感器阵列测量的相对误差在±9%以内，明显优于其他操作条件。这可能是由于干燥操作条件T3V3较为稳定，谷物湿度的变化对静电传感器测量的信号影响不大。此外，在图中所有工况的实验条件

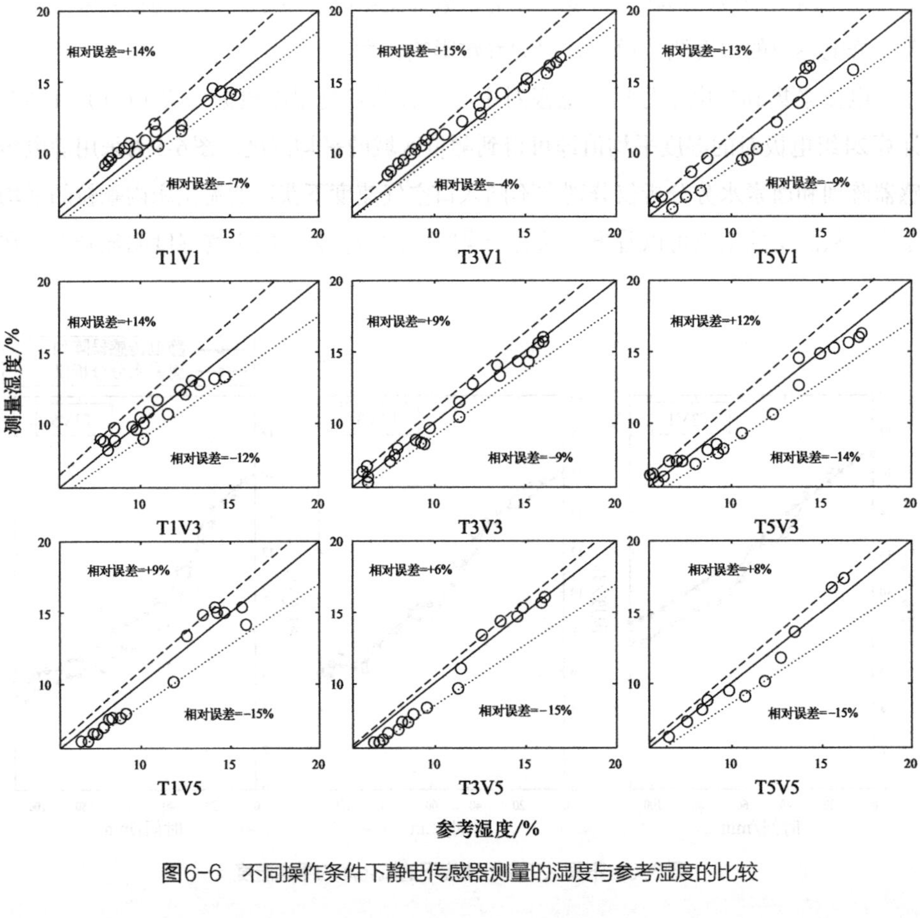

图6-6 不同操作条件下静电传感器测量的湿度与参考湿度的比较

下，静电传感器阵列测量谷物颗粒湿度的相对误差都在 ±15%以内。上述结果表明，静电传感阵列能够较准确地测量流化床的湿度。根据测量原理，基于静电传感器阵列的湿度测量误差主要有两个来源。首先是由测量装置引起的系统误差，在实验标定过程中，从采样口采集的颗粒与静电传感器阵列测量区域的颗粒不完全相同。此外，流化床内的电荷量受颗粒粒径的影响，干燥过程中不可避免产生颗粒磨损现象，这会导致颗粒粒径发生变化，引起测量误差。因此，在今后的研究工作中可采用新型采样装置，并且使用考虑粒径效应的改进测量模型来提高测量系统的精度。

6.3.2　湿度分布

在干燥过程中，湿度分布对于表征流化床内的空间干燥特性必不可少。利用静电传感器阵列上每组电极对的信号和回归方程公式（6-10）可以得到流化床内测量区域内的平均湿度和湿度分布，如图6-7所示。

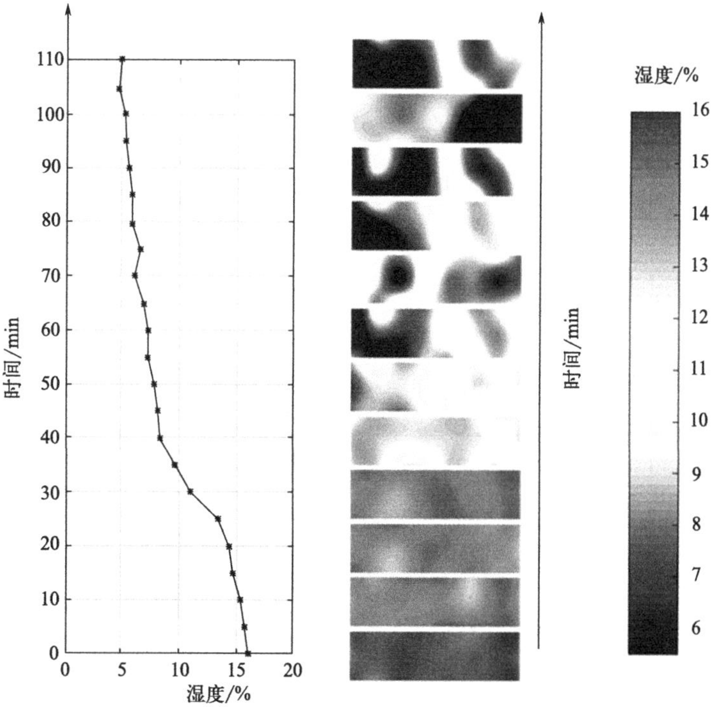

彩图6-7

图6-7　平均湿度及湿度分布重建（T3V3）

图中左边的图片显示了流化床内平均湿度随干燥时间的变化，右边的图片显示了流化床测量区域二维湿度分布随干燥时间的变化（时间轴从下向上绘制）。图6-7的结果表明，在T3V3操作条件下，谷物湿度在干燥过程中由16%左右下降到6%左右。同时，流化床的湿度分布也随着干燥时间不断变化。根据实验观察，流化床中的湿度分布类似于固体颗粒分布。从湿度分布的数值来看，湿度小的区域可视为空洞或气泡，湿度大的区域可视为密相的谷物颗粒[13]。

为了清楚地描述流化床湿度分布与干燥时间的关系，本文研究了T3V3操作条件下单次干燥实验的三个时期（记为时期Ⅰ，时期Ⅱ，时期Ⅲ）的结果。图6-8为各时期流化床内平均湿度及二维湿度分布。相邻两幅谷物的湿度分布结果图时间相差2s，与平均湿度数值相对应。每个时期展示前20 s的床层内谷物的湿度变化情况及流体流动情况。

利用静电传感器阵列，可以得到流化床干燥器内瞬时湿度分布。从图6-8可以看出，在干燥后期（时期Ⅲ），流化床床层中的谷物颗粒混合较好，而在干燥的初期（时期Ⅰ），流化床床层几乎处于停滞状态。干燥初期谷物的平均湿度几乎是常数，数值为14%左右，如图6-8（a）所示。这是因为湿玉米颗粒含水量较高，在

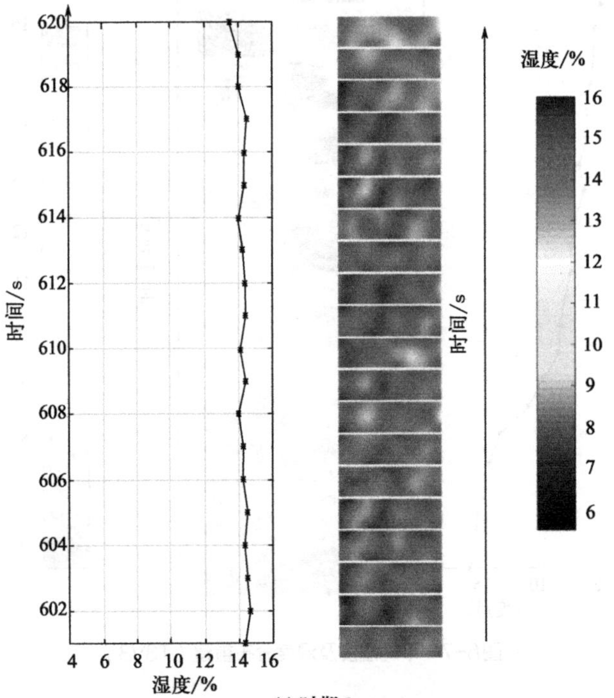

(a) 时期Ⅰ

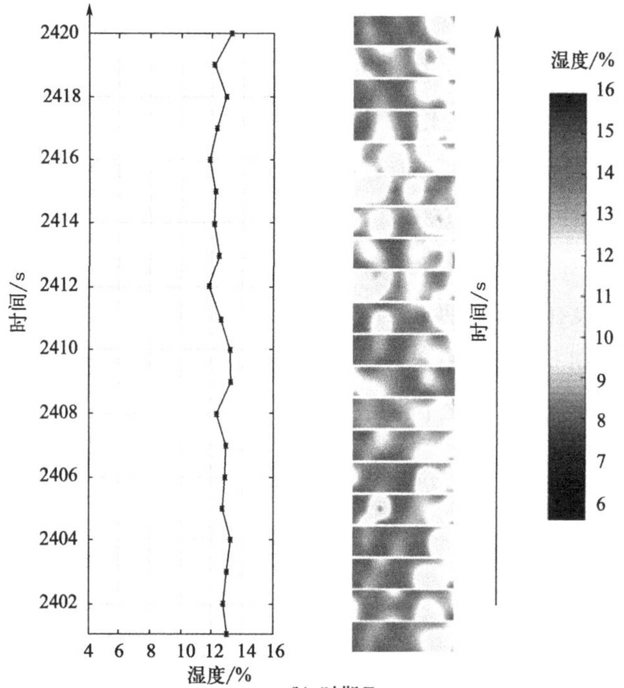

(b) 时期Ⅱ

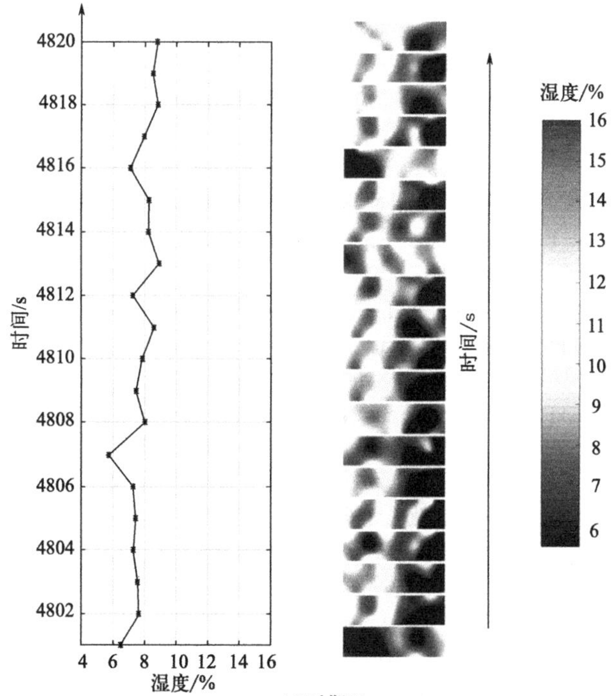

(c) 时期Ⅲ

彩图6-8

图6-8 平均湿度及湿度分布的典型结果（T3V3）

干燥初期形成结块并下沉到流化床底部，无法正常流化[14]。在此期间，空气与谷物颗粒之间的有效接触较少，流化床中传热传质速率较低。随着谷物颗粒进一步干燥，流化床中的流型发生变化。根据图6-8（b）所示的结果，在干燥中期（时期Ⅱ），流化床床层中有较多的空隙或气泡，流化床中平均湿度曲线在12%到13%之间明显波动。这是因为随着谷物颗粒的干燥，其湿度降低，无法形成结块，空气借助曳力将谷物颗粒携带至流化床顶部，促进谷物颗粒的混合。图6-8（c）的结果显示，谷物平均湿度在干燥后期（时期Ⅲ）在5.6%至8.9%之间波动，干燥曲线比前一个干燥期（时期Ⅱ）更不稳定。这是因为在干燥后期，流化床内流体流动复杂，湍流流动增加，导致湿度变化不稳定。

参考文献

[1] Yan Y，Hu Y，Wang L，et al. Electrostatic sensors – Their principles and applications[J]. Measurement，2021，169：108506.

[2] Nguyen T，Nieh S. The role of water vapour in the charge elimination process for flowing powders[J]. Journal of Electrostatics，1989，22：213-227.

[3] Zhang W B，Cheng X F，Hu Y H，et al. Measurement of moisture content in a fluidised bed dryer using an electrostatic sensor array[J]. Powder Technology，2018，325：49-57.

[4] Qian X C，Shi D P，Yan Y，et al. Effects of moisture content on electrostatic sensing based mass flow measurement of pneumatically conveyed particles[J]. Powder Technology，2017，311：579-588.

[5] Yang Y，Zhang Q，Zi C，et al. Monitoring of particle motions in gas-solid fluidized beds by electrostatic sensors[J]. Powder Technology，2017，308：461-471.

[6] Qian X C，Yan Y，Huang X B，et al. Measurement of the mass flow and velocity distributions of pulverized fuel in primary air pipes using electrostatic sensing techniques[J]. IEEE Transactions on Instrumentation and Measurement，2017，66：944-952.

[7] Salama F，Sowinski A，Atieh K，et al. Investigation of electrostatic charge distribution within the reactor wall fouling and bulk regions of a gas–solid fluidized bed[J]. Journal of Electrostatics，2013，71（1）：21-27.

[8] 杨彬彬 . 基于静电传感器阵列的流化床内颗粒动态特性的测量 [D]. 北京：华北电力大学，2017.

[9] Zhang W B，Wang T Y，Liu Y Y，et al. Particle velocity measurement of binary mixtures in the riser of a circulating fluidized bed by the combined use of electrostatic sensing and high-speed imaging[J]. Petroleum Science，2020，17（4）：1159-1170.

[10] López R，Fernández C，Cara J，et al. Differences between combustion and oxy-combustion of corn and corn–rape blend using thermogravimetric analysis[J]. Fuel Process Technology，2014，128：376-387.

[11] Geldart D. Types of gas fluidization[J]. Powder Technology，1973，7：285-292.

[12] 金涌，祝京旭，汪展文，等．流态化工程原理 [M]. 北京：清华大学出版社，2001.

[13] Aghbashlo M，Sotudeh-Gharebagh R，Zarghami R，et al. Measurement techniques to monitor and control fluidization quality in fluidised bed dryers：a review[J]. Drying Technology，2014，32：1005-1051.

[14] Ma J L，Liu D Y，Chen X P. Bubbling behavior of cohesive particles in a two-dimensional fluidized bed with immersed tubes[J]. Particuology，2017，31：152-160.

第 7 章
融合静电和光学成像的干燥特性测量

检测流化床干燥器中的生物质干燥特性对于控制干燥过程、提高干燥产品质量及减少能源消耗具有重要意义。由于流化床中气泡周围复杂的动力学特性，气泡不同位置处的生物质颗粒的干燥特性有差异，但是由于现有技术的局限，缺乏相应研究。本章首次提出了融合静电和光学成像技术的检测方法，用于获得流化床中气泡不同位置生物质湿度、干燥模型、水分扩散系数、表观活化能和气固传质系数。本章详细阐述了融合静电和光学成像的流化床干燥特性检测原理和实验装置，并探究了实验工况对气泡不同位置生物质颗粒干燥特性的影响。

7.1　检测原理

7.1.1　干燥特性

通过研究发现位于气泡不同位置处的颗粒湿度差异较大，并且气泡边界位置的水分传递是影响流化床干燥效率的重要参数。光学成像技术能够提供直观、丰富的流体流动信息，已成为了工业流体监测的重要手段。由相机构成的光学成像装置可以获得流化床内清晰准确的气泡位置，因此本文融合了静电与光学成像技术，对流化床内不同气泡位置生物质颗粒的干燥特性进行检测。此方法所需采集的流化床内的数据包括生物质的湿度分布和气泡精确位置分布。生物质的湿度分布通过第5章介绍的静电传感器阵列采集流化床内静电信号，利用生物质的湿度模型和重建方法处理数据获得。气泡的精确位置由光学成像方法检测获得，图7-1展示了该方法的关键步骤。

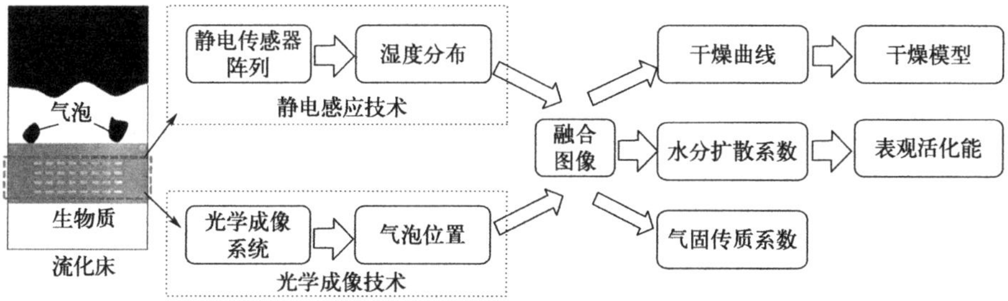

图7-1　干燥特性检测方法关键步骤

首先，利用静电传感器阵列和相机分别采集生物质颗粒的静电信号和流体运动图像，得到生物质的湿度分布和气泡位置分布。然后，采用融合算法生成带有气泡位置标记的湿度分布图像（即融合图像），提取有用信息以确定干燥模型、水分扩散系数和气固传质系数等干燥参数。干燥参数的获取包括以下几点：利用干燥曲线推导出给定工况下流化床的最佳干燥模型；根据生物质颗粒的湿度确定水分扩散系数；利用水分扩散系数拟合曲线，确定生物质的表观活化能，得到生物质在流化床中的干燥规律。为了探究干燥条件对生物质干燥特性的影响，通过对不同干燥条件下的融合图像进行分析，比较不同气泡位置生物质的干燥特性。

在流化床干燥生物质过程中，生物质中的水分子影响流化床内电荷水平。在静电感应方法中，根据静电传感器阵列的电压信号幅值与湿度之间的经验关系式来测量生物质中的湿度。采用BSI算法重建流化床内的湿度分布，而生物质的其他干燥参数可由一系列经验方程确定。

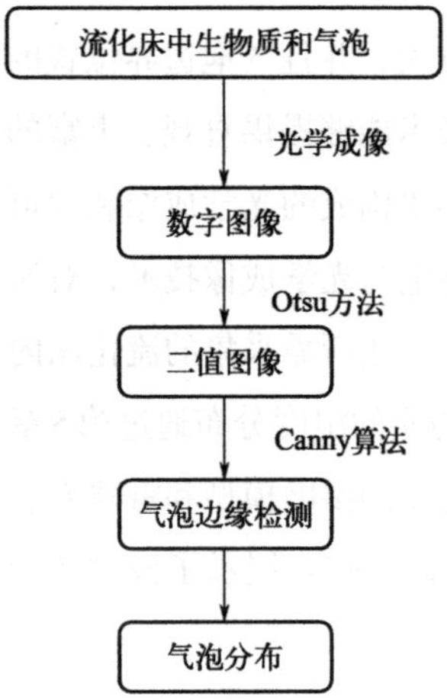

图7-2 图像处理算法的流程图

本研究采用光学成像系统获得流化床干燥器中气泡和颗粒的实时分布图像。通过对相机拍摄的图像进行裁剪，得到与重建的湿度分布图像大小相同的感兴趣区域（region of interest，RoI）。然后，应用图像处理算法得到气泡分布，图7-2为图像处理算法的流程图。首先将相机拍摄的图像转换为二值图像，采用Otsu方法进行阈值分割，区分气泡与颗粒[1]；然后，利用Canny算法[2]进行边缘检测；最后，将气泡位置标记在湿度分布图像上得到融合图像，确定气泡内部、边缘和外部位置的生物质干燥特性。

Canny边缘检测算法是John F. Canny[3,4]于1986年提出，该方法具有以下优势：边缘检测错误率低、边缘定位准确、边缘响应点单一（边缘位置处的像素点被检测为唯一的边缘点）。

Canny边缘检测算法的基本流程为：对原始图像进行高斯平滑滤波，从而去除噪声对图像的不利影响，提高图像质量；计算图像的梯度幅度及梯度方向，以评估每一个像素点的边缘强度和方向；根据计算后像素点的梯度方向和梯度幅值进行非极大值抑制，即将每一像素点与沿着该点梯度方向前后两个像素点的像素进行对比，若该点的值最大就保留其像素值，否则将该点像素置为0，从而检测到较细的边缘；最后对经过处理后的图像进行高、低阈值处理（舍弃小于低阈值的像素点，将大于高阈值的像素点确定为边缘点，用八连通域方法判断介于两个阈值之间的像素点是否为边缘点）和边缘连接。

与其他边缘检测方法相比，采用Canny算法得到的边缘较薄，更容易表征气泡的边界。需要注意的是，在实际应用中需要保证良好的实验条件，避免不均匀照明、目标的边缘轮廓处于非闭合状态、无法进行孔洞填充操作等情况发生，导致无法获得气泡的二值图像[5]。

7.1.2 扩散系数

生物质中湿度M的定义如下：

$$M = \frac{w_t - w_d}{w_d} \times 100\% \tag{7-1}$$

式中，w_t和w_d分别为干燥前后生物质的质量。

干燥率可以用公式（7-2）计算得到：

$$\eta = \frac{M_{t_1} - M_{t_2}}{t_1 - t_2} \tag{7-2}$$

式中，η是干燥时间从t_1到t_2的生物质干燥率；M_{t_1}和M_{t_2}分别为生物质在t_1和t_2时刻的湿度。

生物质的水分比（ϕ）由公式（7-3）计算得到：

$$\phi = \frac{M_t - M_e}{M_0 - M_e} \tag{7-3}$$

式中，M_t和M_0分别为当前时刻和初始时刻生物质的湿度。下面公式（7-4）提供了生物质平衡湿度M_e的计算方法：

$$M_e = \left(\frac{-\ln(1-\mathrm{RH})}{8.654\times10^{-5}(T+49.81)}\right)^{\frac{1}{1.8634}} \tag{7-4}$$

式中，RH是干燥空气的相对湿度，T是环境温度。

查阅国内外文献资料，现有描述生物质干燥特性的模型中，有5种典型模型被广泛应用[7,8]。因此，本研究将主要对比研究这些干燥模型，5种典型模型的公式如下：

Newton模型

$$\phi = \exp(-kt) \tag{7-5}$$

Page模型

$$\phi = \exp(-kt^n) \tag{7-6}$$

Modified Page模型

$$\phi = \exp\left[-(kt)^n\right] \tag{7-7}$$

Henderson and Pabis模型

$$\phi = a\exp(-kt) \tag{7-8}$$

Logarithmic模型

$$\phi = a\exp(-kt) + c \tag{7-9}$$

式中，t是干燥时间；k，n，a和c是上述模型的模型参数。

从方程的构造形式可以看出，这些模型是相似的。在本文中，将这些模型与实验数据进行比较，从而确定最佳的干燥模型。干燥模型中的参数是用最小二乘法确定的，即实验测量和模型拟合的湿度值之间的残差平方和最小，公式如下

$$S=\sum_{i=1}^{N}\left(\phi_{\exp,i}-\phi_{\mathrm{pre},i}\right)^2 \tag{7-10}$$

式中，S是残差平方和，N是数据点的个数，$\phi_{\exp,i}$和$\phi_{\mathrm{pre},i}$分别为实验测量和模型预测的水分比。

为了研究干燥过程中水分的传递，需要测量与湿度和环境温度有关的水分扩散系数。生物质的水分扩散系数由Fick定律[9]描述，对于球形颗粒由公式（7-11）计算[10]：

$$\phi=\frac{6}{\pi^2}\sum_{n=1}^{\infty}\frac{1}{n^2}\exp\left(-n^2\frac{\pi^2}{r^2}D_{\mathrm{eff}}t\right) \tag{7-11}$$

当干燥时间较长时，公式（7-11）可简化为：

$$\phi=\frac{6}{\pi^2}\exp\left(-\frac{\pi^2}{r^2}D_{\mathrm{eff}}t\right) \tag{7-12}$$

对公式（7-12）两边取对数，可得到：

$$\ln\phi=\ln\frac{6}{\pi^2}-\left(\frac{\pi}{r}\right)^2D_{\mathrm{eff}}t \tag{7-13}$$

式中，D_{eff}是水分扩散系数，r是生物质颗粒半径。如公式（7-13）所示，$\ln\phi$与干燥时间t为线性关系。也就是说，由$\ln\phi$与干燥时间t之间的直线斜率可以计算得到生物质的水分扩散系数。基于水分扩散系数，生物质颗粒的表观活化能可由阿伦尼乌斯（Arrhenius）方程确定[11]，计算公式如下：

$$D_{\mathrm{eff}}=D_0\exp\left(-\frac{E_{\mathrm{a}}}{RT}\right) \tag{7-14}$$

式中，D_0为初始湿度时的水分扩散系数，E_{a}为生物质的表观活化能，R为通用气体常数，T为空气温度。公式（7-14）的对数形式为：

$$\ln D_{\mathrm{eff}}=\ln D_0-\frac{E_{\mathrm{a}}}{RT} \tag{7-15}$$

为了获得生物质的表观活化能，绘制$\ln D_{\mathrm{eff}}$和$1/T$的关系图，如图7-3所示。生物质的表观活化能可由关系图中的直线斜率计算得到。

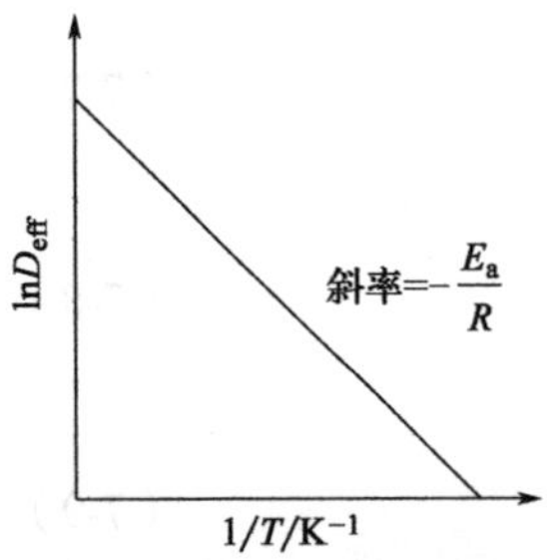

图7-3 $\ln D_{\mathrm{eff}}$和$1/T$的关系

7.1.3 气固传质系数

在流化床干燥生物质颗粒的过程中，生物质与热空气直接接触。通过对流传热传质，使物料表面和内部的湿分发生汽化，产生的蒸汽被热空气带走，物料含水量下降，这就是对流干燥过程。对流干燥是热量传递和质量传递同时进行的过程，并且两个传递过程的方向相反。气体和固体两相之间的温度和湿度差会影响流化床中的传热传质效率。为了探究流化床中的干燥特性，需要测量气固两相之间的传质系数。在本研究中，气固传质系数可由公式（7-16）得到[12]：

$$k_{\mathrm{gp}} = \frac{\dot{m}_v}{A_{\mathrm{p}}\Delta\alpha_{ml}} \tag{7-16}$$

式中，k_{gp}是生物质颗粒与空气之间的传质系数，$\dot{m}_v$是水蒸气在生物质与空气之间传递的质量流量，A_{p}是生物质颗粒的表面积。此外，$\Delta\alpha_{\mathrm{ml}}$是空气中水分质量浓度的对数平均差，定义为：

$$\Delta\alpha_{\mathrm{ml}} = \frac{\alpha_{\mathrm{v,s}} - \alpha_{\mathrm{v,o}}}{\ln\left(\dfrac{\alpha_{\mathrm{v,s}} - \alpha_{\mathrm{v,i}}}{\alpha_{\mathrm{v,s}} - \alpha_{\mathrm{v,o}}}\right)} \tag{7-17}$$

式中，$\alpha_{\mathrm{v,s}}$，$\alpha_{\mathrm{v,o}}$和$\alpha_{\mathrm{v,i}}$分别代表颗粒表面空气的水分质量浓度、流化床的出口空气水分质量浓度和流化床入口处的空气水分质量浓度。

根据理想气体定律和颗粒湿度计算水分质量浓度，由于该方程适用于整个床层，那么可将生物质的表面积表示为：

$$A_{\mathrm{p}} = S_{\mathrm{p}}V_{\mathrm{p}} \tag{7-18}$$

式中，S_{p}为单位体积下的颗粒表面积，V_{p}是颗粒体积。进一步，公式（7-18）可以化简为：

$$k_{\mathrm{gp}} = \frac{\rho_{\mathrm{p,0}}(-\eta)}{S_{\mathrm{p}}\Delta\alpha_{\mathrm{ml}}} \tag{7-19}$$

式中，$\rho_{\mathrm{p,0}}$是干燥生物质颗粒的密度。因此，根据静电传感器阵列对流化床湿度分布的实时测量，可由公式（7-19）计算气固两相传质系数分布。

7.2 实验验证

为了研究不同实验条件下的流化床干燥特性，在5种空气速度和5种空气温度共25组工况条件下对生物质颗粒进行干燥，实验条件设置与第6章相同。实验采用的生物质材料为玉米渣材料（密度约为1100 kg/m^3，平均直径约为1mm）。

7.2.1 平均湿度及湿度分布

融合静电和光学成像方法可以测量流化床中气泡不同区域颗粒的湿度，从而有助于深入了解流化床中的流体干燥特性。图7-4为在T3V3运行条件下，融合静电与光学成像方法测得的实验结果，图中分别绘制了气泡内部、边缘和外部的生物质湿度随干燥时间的变化曲线。测量的标准差在图中以误差棒的形式给出，表示在各测试条件下湿度测量的波动范围。每个数据点的标准差是通过在总测量时间20s内进行重复测量确定的。

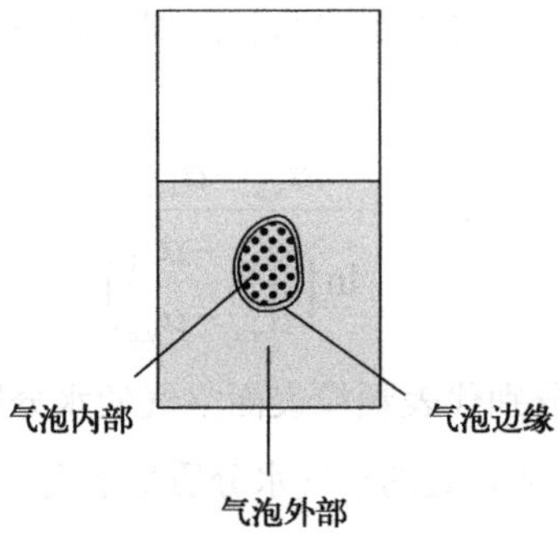

(a) 流化床内不同气泡位置的定义

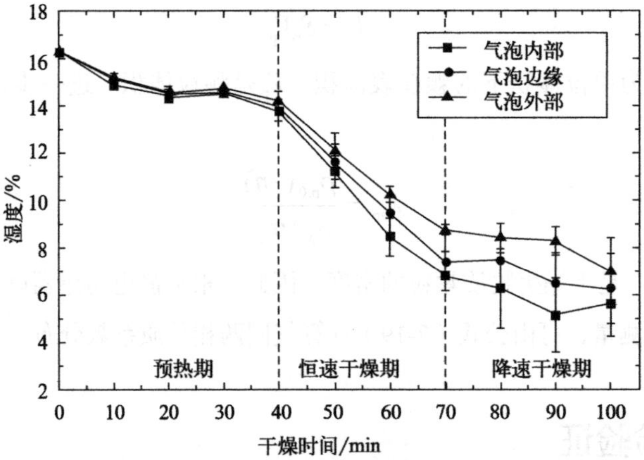

(b) T3V3条件下不同气泡位置生物质的干燥曲线

图7-4 湿度测量结果

实验结果表明，流化床内气泡不同位置处生物质平均湿度存在差异。在干燥过程中，根据湿度随干燥时间的变化可将干燥时间划分为预热期、恒速干燥期和降速干燥期[8]。在预热期（0~40min），由于生物质颗粒湿度高且难以流化，流化床内会出现沟流和颗粒结块现象。因此流化床中不同位置处的生物质颗粒湿度没有明显差异。随着干燥过程的进行，由于气泡的运动，流化床内流体被流化，生物质颗粒被热空气干燥，生物质颗粒的湿度逐渐降低。实验发现，在恒速干燥期（40~70min），气泡内部的生物质湿度低于气泡边缘和外部的生物质湿度。这是因为气泡内部的生物质颗粒在热空气的停留时间增加，强化气固接触，所以干燥效率较高。根据图7-4（b）的结果，不同气泡位置的湿度测量值在降速干燥期（70~100min）存在更显著的差异。产生此现象的原因是因为在干燥降速期流体变为湍流状态，气泡运动剧烈，促进了气固两相之间的对流传质。

流化床中气泡在分布板处形成，然后向上移动并作用于生物质颗粒，此时会发生对流传质现象[13,14]。本研究利用静电传感器阵列和光学成像的结果分别确定气泡湿度分布和位置分布，从而充分探究气泡不同位置的空气与生物质之间的传质行为。图7-5展示了将静电传感器阵列测得的湿度分布与相机测量的图像进行融合的过程。

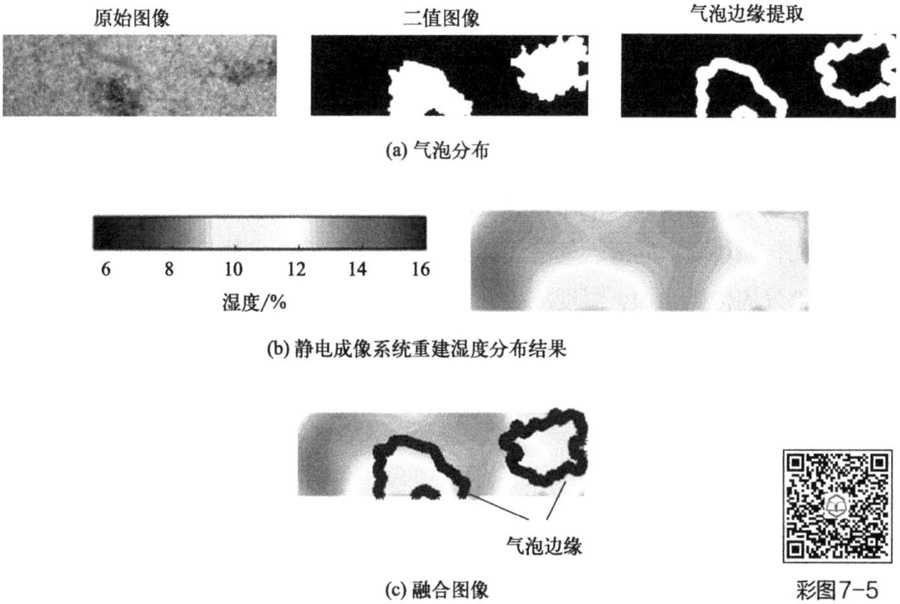

彩图7-5

图7-5　静电感应与光学成像系统的结果比较（T3V3）

在实验中，静电传感器阵列和相机同步测量静电信号和流体图像。对相机测量的图像进行裁剪，得到的RoI像素大小为379×142。利用图像处理算法得到气泡分布［图7-5（a）］，利用静电传感器阵列获得流化床的湿度分布图［图7-5（b）］，在湿度分布图中标记气泡的边缘位置形成融合图像［图7-5（c）］。最终，根据气泡边缘、气泡内部和气泡外部位置像素点的湿度，分别得到气泡不同位置的生物质平均湿度。干燥过程中气泡不同位置生物质湿度的结果如图7-6所示。

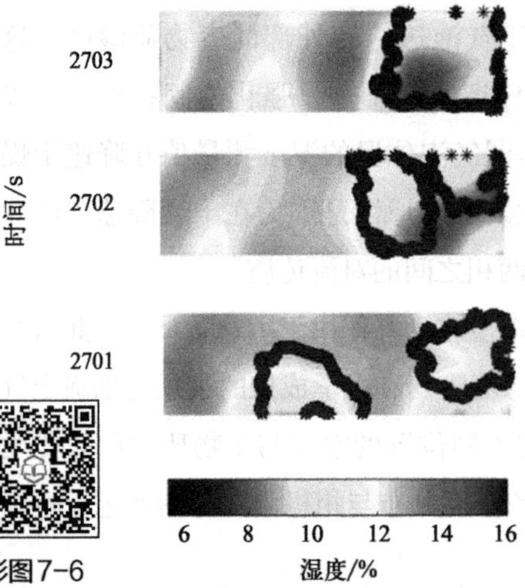

彩图7-6

图7-6　气泡不同位置的生物质湿度分布（T3V3）

图7-6中的融合图像展示了气泡产生、接触和聚并动态过程的湿度分布变化情况。2071s时，两个气泡内的生物质颗粒与热空气混合良好，气泡内部和气泡边缘同时存在强对流传质现象，所以这些位置的生物质湿度较低。而气泡外部的生物质颗粒距离气泡较远，因此其湿度较大。2072s时刻两个气泡刚好接触，气泡边缘位置的生物质颗粒湿度略低于气泡内部的颗粒湿度。靠近左边气泡的右边界和右边气泡的左边界位置的生物质颗粒更加干燥，这是由于这个位置的颗粒同时与两个气泡接触传质速率更高。观察2073s的结果可以发现，此时两个气泡聚并成一个大气泡，气泡边缘和气泡内部的生物质颗粒湿度低于气泡外部的颗粒湿度。造成这个现象的原因是在气泡边缘和气泡内部的生物质颗粒与热空气有足够的接触时间，颗粒与气泡之间传质增强。同时，气泡底部尾涡夹带的颗粒与气体接触面积增加，造成了气泡底部气固传质增加，湿度减少。本文提出的融合静电和光学成像技术的方法通过检测气泡运动过程中湿度分布可以进一步揭示流化床干燥器不同位置的气固传质特性。

7.2.2　干燥模型

将测量到的生物质湿度转换为水分比，用于对比不同的干燥模型。本文采用5个干燥模型（见7.1节）拟合实验测量的数据，结果如图7-7所示。

对比T3V3工况下不同干燥模型的拟合曲线发现，Page模型的拟合结果更好。

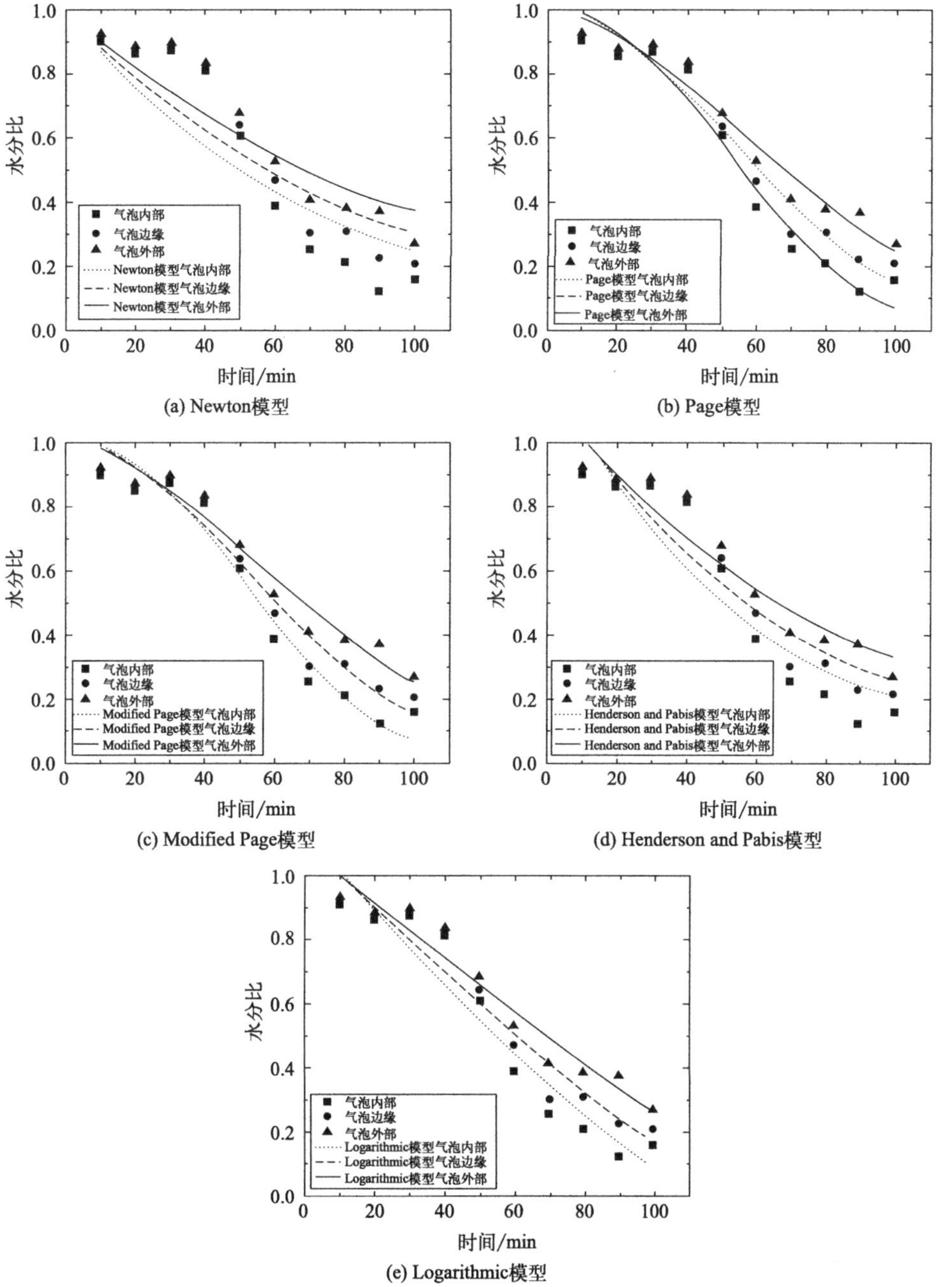

(a) Newton模型

(b) Page模型

(c) Modified Page模型

(d) Henderson and Pabis模型

(e) Logarithmic模型

图7-7 T3V3工况下不同干燥模型拟合曲线

为了进一步确定流化床中最佳干燥模型，采用决定系数（R^2）和简化卡方（χ^2）两个参数评价模型的拟合程度[15]，公式为：

$$R^2 = 1 - \left(\frac{\sum_{i=1}^{N} \left(\phi_{\text{exp},i} - \phi_{\text{pre},i} \right)^2}{\sum_{i=1}^{N} \left(\phi_{\text{exp,mean}} - \phi_{\text{pre},i} \right)^2} \right) \tag{7-20}$$

$$\chi^2 = \frac{1}{N-P} \left[\sum_{i=1}^{N} \left(\phi_{\text{exp},i} - \phi_{\text{pre},i} \right)^2 \right] \tag{7-21}$$

式中，$\phi_{\text{exp, mean}}$是实验数据得到的平均水分比，P是拟合函数中参数的个数。

根据T3V3条件下的不同气泡位置处颗粒实验数据，表7-1展示了拟合得到的干燥模型方程参数值及其评价标准。根据两个评价指标的数学关系式可知，R^2值越高，χ^2值越低，曲线拟合效果越好。从表7-1中不同气泡位置处生物质颗粒的拟合结果及评价指标（R^2和χ^2）可以看出，Page干燥模型与实验测量得到的数据拟合效果最好。因此，Page干燥模型最适合描述本研究中的生物质的干燥过程。

表7-1 模型参数及评价标准（T3V3）

模型		参数			评价指标	
		k	n或a	c	R^2	χ^2
Newton	内部	0.01385	—	—	0.79267	0.02165
	边缘	0.01196	—	—	0.82384	0.01529
	外部	0.00956	—	—	0.85185	0.00956
Page	内部	0.00006	2.30674	—	0.96357	0.00437
	边缘	0.00018	2.01153	—	0.96173	0.00374
	外部	0.00363	1.78962	—	0.95875	0.00299
Modified page	内部	0.01524	2.30674	—	0.95902	0.00455
	边缘	0.01374	2.01163	—	0.95695	0.00394
	外部	0.01195	1.78156	—	0.95360	0.00309
Henderson and Pabis	内部	0.01825	1.26330	—	0.84828	0.01616
	边缘	0.01562	1.22267	—	0.87611	0.01075
	外部	0.01258	1.16391	—	0.90596	0.00682
Logarithmic	内部	0.00538	2.54995	−1.4	0.91271	0.0093
	边缘	0.00366	3.12087	−2.0	0.92593	0.00643
	外部	0.00197	4.58356	−3.5	0.94081	0.00429

7.2.3　扩散系数与活化能

水分扩散系数描述生物质物料内部水分向表面迁移过程，准确测量水分扩散系数对于预测物料干燥速度以及物料内部水分分布、优化物料干燥过程、提高干燥质量具有重要意义[16]。影响水分扩散系数的因素包括物料厚度、初始湿度、干燥空气条件等，已有研究报道了气体温度对水分扩散效率的影响[17]。本研究分析了空气范围为45~75℃、空气流速均为0.43m/s（T1V3~T5V3）的5组工况下的实验结果，如图7-8所示。

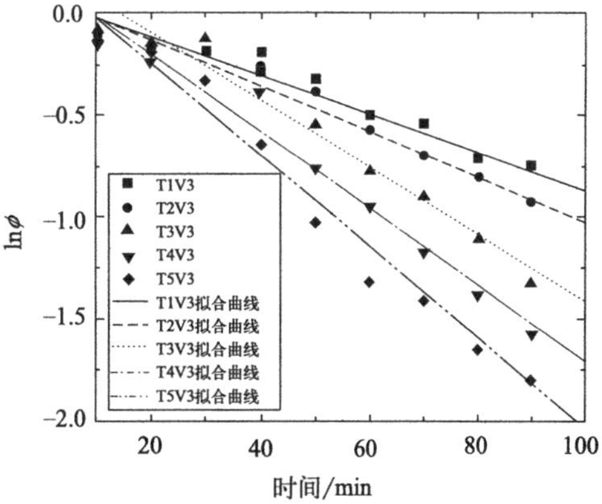

图7-8　不同干燥条件下生物质的干燥参数拟合曲线

由图7-8可以看出，在给定干燥条件下生物质的水分扩散系数随空气温度的升高而增大。当流化床干燥器运行条件为T1V3~T5V3时，对应生物质的水分扩散系数值分别为9.43×10^{-10}、1.12×10^{-9}、1.68×10^{-9}、1.91×10^{-9}和2.27×10^{-9} m^2/s。结果表明，温度是影响水分扩散系数的重要因素，这与之前的研究结论一致[17,18]。为了进一步研究不同位置生物质的水分扩散系数，本研究计算所有实验条件下的水分扩散系数，结果如表7-2所示。

表7-2　不同实验条件下的水分扩散系数

干燥条件		D_{eff}/（m^2/s）	R^2
T1V3	内部	7.69×10^{-10}	0.96
	边缘	7.58×10^{-10}	0.87
	外部	7.10×10^{-10}	0.96
T2V3	内部	8.42×10^{-10}	0.92
	边缘	7.98×10^{-10}	0.90
	外部	7.71×10^{-10}	0.90
T3V3	内部	2.26×10^{-9}	0.89
	边缘	1.85×10^{-9}	0.90
	外部	1.66×10^{-9}	0.93

续表

干燥条件		D_{eff} / (m^2/s)	R^2
T4V3	内部	2.44×10^{-9}	0.93
	边缘	1.90×10^{-9}	0.89
	外部	1.73×10^{-9}	0.95
T5V3	内部	2.48×10^{-9}	0.89
	边缘	1.92×10^{-9}	0.89
	外部	1.76×10^{-9}	0.87

由表7-2可知，在不同干燥条件下，生物质颗粒在气泡内部的水分扩散系数略高于气泡边缘和外部生物质的水分扩散系数。这是因为在气泡内部的生物质与热空气充分接触，有利于生物质颗粒内部的水分传递。

通常，活化能E_a是水分子在颗粒内部进行扩散时需要克服的能量阻碍[11]。根据空气速度为0.43m/s（V3）条件下的水分扩散系数，绘制ln（D_{eff}）与$1/T$之间的曲线，如图7-9所示。

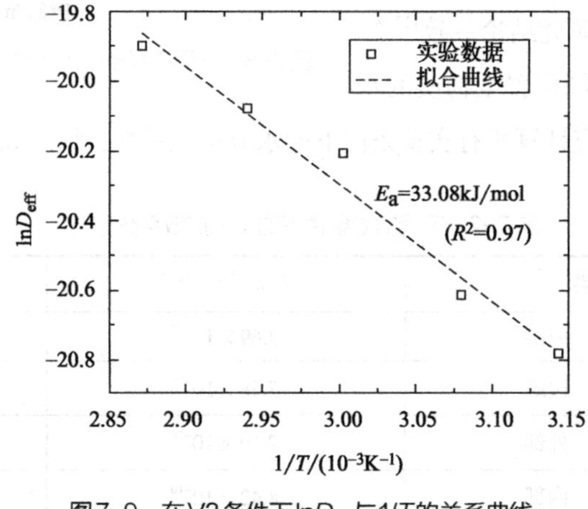

图7-9 在V3条件下$\ln D_{eff}$与$1/T$的关系曲线

可以看出，$\ln D_{eff}$与$1/T$之间存在良好的线性关系。本研究比较气泡不同位置生物质的表观活化能，由公式（7-15）计算出的气泡内部、边缘和外部的生物质表观活化能分别为42.07、33.15和32.73 kJ/mol。结果表明，在一定条件下，生物质的表观活化能按生物质位于气泡内部、边缘和外部的顺序递减。根据菲克（Fick）定律，水分扩散系数是湿度梯度的函数。如果气泡中的颗粒与热空气接触良好，会在颗粒内部产生较大的湿度梯度，从而导致水分扩散需要的能量即生物质的表观活化能更高[18]。

7.2.4　传质系数

流化床干燥过程中，伴随气体和生物质颗粒之间进行传热与传质过程，气固传质系数对于预测干燥过程物料水分传递情况以及干燥工艺的设计和参数选择都非常重要[19]。气体和固体之间对流传质过程复杂，传质系数的计算受到众多不易确定因素的影响，例如流体物理属性、速度及浓度分布、操作条件（干燥介质温度、速度、流型）和设备的性能等方面，因此现有相关研究较少。本研究通过融合静电和光学成像方法对气固传质系数进行测量，实验中得到的平均传质系数和传质系数分布结果如图7-10所示。

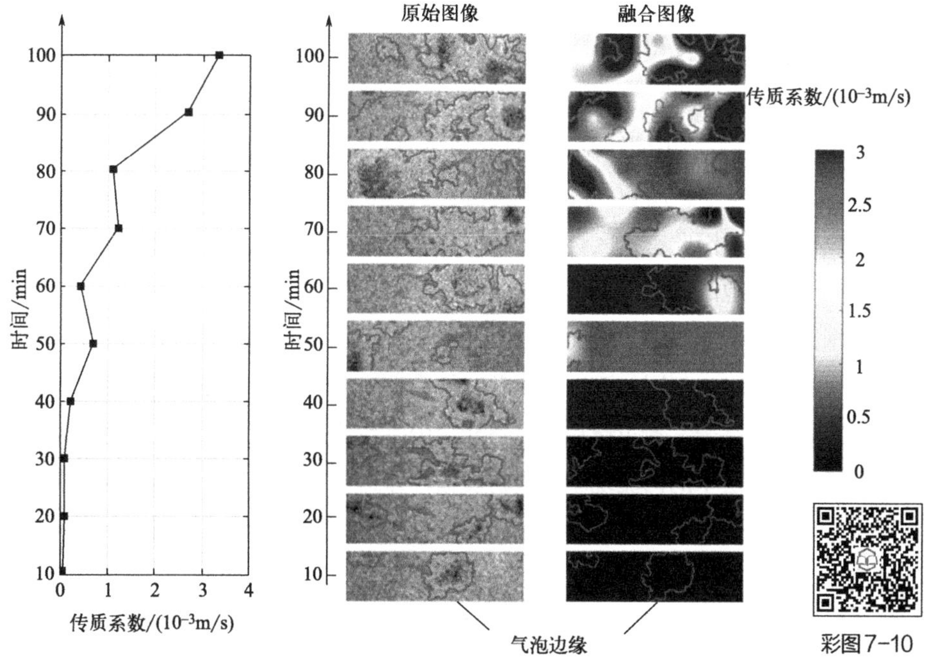

彩图7-10

图7-10　平均传质系数及传质系数分布（T3V3）

通过对融合图像中各像素点的气固传质系数求平均值，可以得到流化床整体的平均传质系数。并且，将各像素点的气固传质系数结合BSI算法进行计算可以得到传质系数分布图。在T3V3干燥条件下，流化床中生物质的平均传质系数由7×10^{-5}m/s明显上升到3.4×10^{-3}m/s。

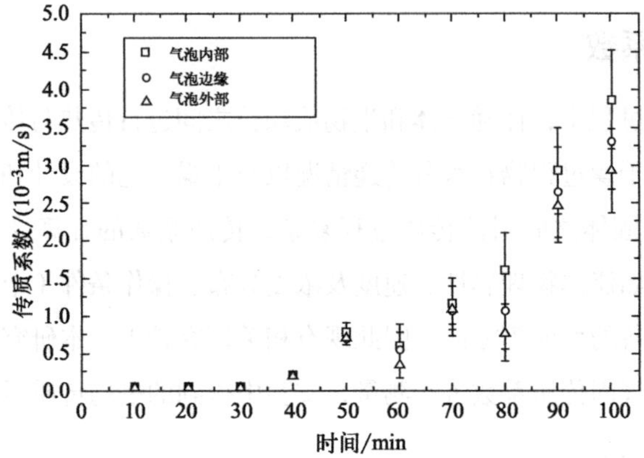

图7-11 不同位置生物质的传质系数（T3V3）

为了深入探究不同位置生物质的气固传质系数，本研究首先采用Canny边缘检测算法求得气泡的边缘，然后在原始图像和融合图像上用粉色线条标记了气泡的边缘位置（图7-10），并由此绘制了不同位置的气固传质系数曲线及其标准差，如图7-11所示。在干燥生物质颗粒过程中，由于玉米渣颗粒并非理想的球形颗粒，并且颗粒的粒径较大，因此密相区颗粒之间存在一定的空隙。此时，气泡的形状为不规则形状，所以气泡的边缘轮廓不光滑。

根据图7-11的结果，在干燥预热阶段不同位置生物质颗粒的传质系数基本相同。而在降速阶段，不同位置生物质颗粒传质系数上升至不同的数值，并且气泡内部的传质系数略高于气泡边缘和气泡外部的传质系数。造成这种现象的主要原因是在干燥后期，床层中的沟流现象和生物质颗粒黏结现象消失。气泡的温度较高，提高了水分子在气固两相之间的传递速率。同时，干燥的气泡使得气固两相相间的湿度梯度变大，导致两相间的传质增强。

在流化床干燥生物质的过程中，入口空气温度和空气速度均为干燥操作的重要影响因素。为了研究空气温度和空气速度对床层生物质颗粒传质的影响，本研究中对比了不同实验工况下的实验结果，并计算了不同干燥条件下生物质的平均传质系数及其标准差，如图7-12所示。

由图7-12可以看出，气固传质系数随空气温度和空气速度的增加而增加，在

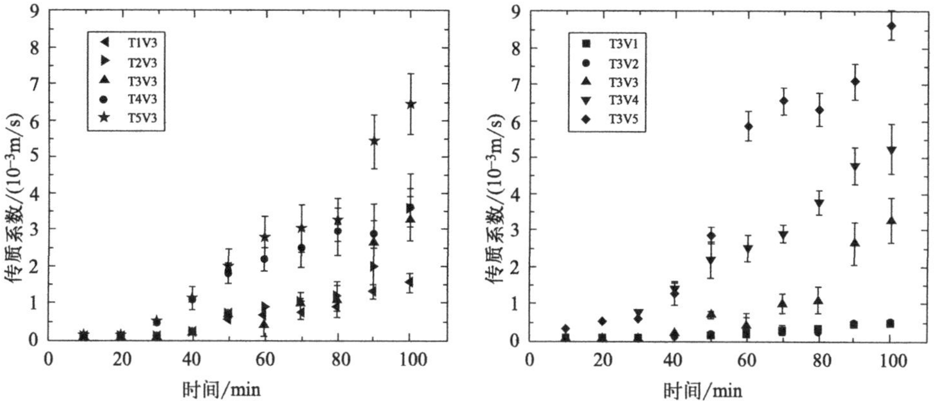

(a) 在给定的空气速度和不同的空气温度条件下的结果　　(b) 在给定的空气温度和不同的空气速度条件下的结果

图7-12　不同操作条件下生物质的气固传质系数

T5V3和T3V5条件下（干燥时间为100min）生物质的平均传质系数分别上升到6.43×10^{-3}m/s和8.61×10^{-3}m/s。图7-13为所有实验条件下干燥时间为100min时的气固传质系数结果。

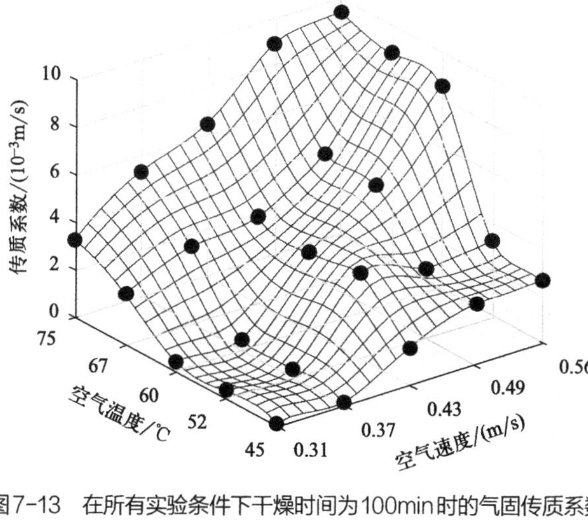

图7-13　在所有实验条件下干燥时间为100min时的气固传质系数

根据图7-13的结果，气固传质系数随入口空气温度和流速的增大而显著增大，这与Huang等[20]得到的研究结果类似。空气温度越高，水分子运动速度越快，水分扩散越容易。根据薄层模型理论，随着空气流速增加，气固两相之间的对流传热和传质的边界层减小，加速水分从生物质表面流失[7]。

实验结果表明，当空气温度和空气流速较高时，流化床干燥器内气固传热和传质增加，干燥效率也随之增加。但为了保证生物质产品的质量，一般不允许加热空气温度过高。这是因为当生物质材料为热敏材料时，对干燥空气温度和物料在干燥器中的停留时间均有苛刻的要求。高温会使生物质产品过热，对其色泽、孔隙度、生物活性物质含量等造成严重损害[21]。此外，还需要控制流化床干燥空气流速，避免易碎的生物质材料被磨损。并且较高的空气流速导致流化床层产生气栓，形成活塞流流型，不利于干燥反应的进行。对于细长形状的流化床（高度较高，宽度较窄），增加入口空气速度，将导致流化床中产生直径与流化床宽度接近的气栓结构。此时，床层被分为一段气栓一段颗粒的间隔状态，颗粒被气栓像活塞一样向上推动。当气栓上升至流化床床层顶部位置时，气栓破裂，颗粒分散下落。之后流化床中重复出现新的气栓形成、上升、破裂的过程。这时，床层压降会出现脉动现象，颗粒运动非常剧烈，这种现象被称为节涌现象。节涌现象会破坏流化床床层的均匀性，导致气体和固体间的接触不良，影响生物质产品质量。并且节涌现象会造成干燥器壁面磨损加剧，引起设备振动，降低流化床的操作稳定性。因此在实际的工业应用过程中，应该尽量避免节涌以及气栓的形成。

图7-14为T5V5（空气流速为0.56m/s，空气温度为75℃）实验条件下流化床内形成活塞流的图像。较高的空气流速和空气温度有利于气泡的聚并和气栓的形成。气栓的大小与床层的宽度接近，抑制了流化床中的流体流化和干燥过程。实验发现，在除了T5V5的其他干燥条件下，流化床流型几乎为鼓泡流，没有出现活塞流流型。

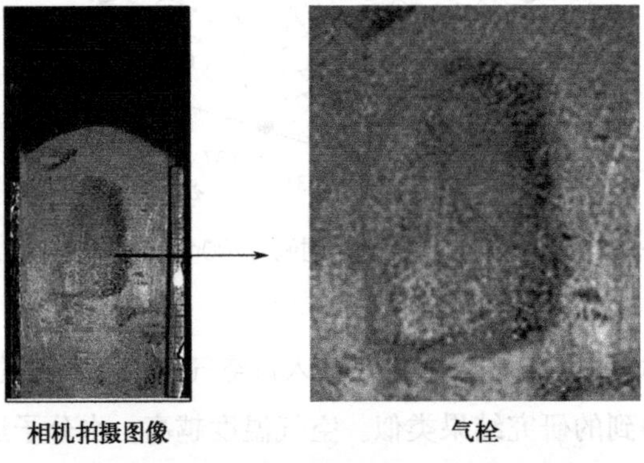

图7-14　活塞流的图像（T5V5）

参考文献

[1] 陈翠玲，马梦祥，于洋，等.基于图像法喷动床内空隙率研究 [J]. 化学反应工程与工艺，2017，33（04）：343-348，355.

[2] Fujimoto T R，Kawasaki T，Kitamura K. Canny-Edge-Detection/Rankine-Hugoniot-conditions unified shock sensor for inviscid and viscous flows[J]. Journal of Computational Physics，2019，396：264-279.

[3] Canny J. A computational approach to edge detection[J]. IEEE Transactions on pattern analysis and machine intelligence，1986，8（6）：679-698.

[4] 王小俊，刘旭敏，关永.基于改进Canny算子的图像边缘检测算法 [J]. 计算机工程，2012，38（14）：196-198.

[5] 李凤杰.基于图像处理的单颗粒煤粉燃烧行为分析 [D]. 北京：华北电力大学，2020.

[6] Wei S，Wang Z H，Wang F H，et al. Simulation and experimental studies of heat and mass transfer in corn kernel during hot air drying[J]. Food and Bioproducts Processing，2019，117：360-372.

[7] Chen D Y，Zheng Y，Zhu X F. In-depth investigation on the pyrolysis kinetics of raw biomass. Part I：Kinetic analysis for the drying and devolatilization stages[J]. Bioresource Technology，2013，131：40-46.

[8] Zeng X，Wang F，Adamu M H，et al. High-temperature drying behavior and kinetics of lignite tested by the micro fluidization analytical method[J]. Fuel，2019，253：180-188.

[9] Meziane S. Drying kinetics of olive pomace in a fluidized bed dryer[J]. Energy Conversion and Management，2011，52：1644-1649.

[10] Khanali M，Banisharif A，Rafiee S. Modeling of moisture diffusivity，activation energy and energy consumption in fluidized bed drying of rough rice[J]. Heat and Mass Transfer，2016，52：2541-2549.

[11] Adamu M H，Zeng X，Zhang J L，et al. Property of drying，pyrolysis，gasification，and combustion tested by a micro fluidized bed reaction analyzer for adapting to the biomass two-stage gasification process[J]. Fuel，2020，264：116827.

[12] Yan F，Rinoshika A. Application of high-speed PIV and image processing to measuring particle velocity and concentration in a horizontal pneumatic conveying with dune model[J]. Powder Technology，2011，208（1）：158-165.

[13] Cheng Y，Lau D Y J，Guan G，et al. Experimental and numerical investigations on the electrostatics generation and transport in the downer reactor of a triple-Bed combined circulating fluidized bed[J]. Industrial and Engineering Chemistry Research，2012，51（51）：14258-14267.

[14] Verma M，Loha C，Sinha A N，et al. Drying of biomass for utilising in cofiring with coal and its impact on environment – a review[J]. Renewable and Sustainable Energy Reviews，2017，71：732-741.

[15] Kaleta A，Górnicki K，Winiczenko R，et al. Evaluation of drying models of apple （var. Ligol）dried in a fluidized bed dryer[J]. Energy Conversion and Management，2013，67：179-185.

[16] 蒋超.水分扩散系数的估算及其可靠性分析 [D]. 昆明：昆明理工大学，2014.

[17] Koukouch A，Idlimam A，Asbik M，et al. Experimental determination of the effective moisture

diffusivity and activation energy during convective solar drying of olive pomace waste[J]. Renewable & Sustainable Energy Reviews，2017，101：565-574.

[18] Gómez-De I C F J，Palomar-Carnicero J M，Hernandez-Escobedo Q，et al. Determination of the drying rate and effective diffusivity coefficients during convective drying of two-phase olive mill waste at rotary dryers drying conditions for their application[J]. Renewable Energy，2020，153：900-910.

[19] 张雪飞 . 第三类边界条件估算热风干燥对流传质系数 [J]. 内蒙古煤炭经济，2021，4：136-138.

[20] Huang Y W，Chen M Q，Jia L. Assessment on thermal behavior of municipal sewage sludge thin-layer during hot air forced convective drying[J]. Applied Thermal Engineering，2016，96：209-216.

[21] Sozzi A，Zambon M，Mazza G，et al. Fluidized bed drying of blackberry wastes：drying kinetics，particle characterization and nutritional value of the obtained granular solids[J]. Powder Technology，2021，385：37-49.

第 8 章
基于静电传感和数据驱动模型的流化床内混合生物质组分测量

为了实现流化床的监测和优化，需要在线连续测量混合生物质的组分。考虑到现有技术的局限性，很难准确测量气固流化床中混合生物质颗粒的组分。本文采用由多个电极组成的非侵入式静电传感器阵列来测量混合生物质的组分。在实验室流化床上进行了不同实验条件下的实验试验。本章详细阐述了一种混合小波散射变换和双向长短期记忆网络的方法，用来推断静电传感器原始信号特征与混合生物质组分之间的关系，并将所建模型的性能与其他机器学习模型进行了比较。

8.1 概述

流化床反应器广泛应用于能源、冶金、食品、制药、环保等领域。流化床内鲜见单一粒径颗粒体系，因此单一粒径颗粒系统多应用于理论研究但缺乏现实意义。工业流化床所包含的颗粒通常具有宽粒径分布且存在密度差异，所以这种非理想系统中颗粒的混合与离析现象变得尤为重要[1]。例如，在化学链燃烧处理污泥技术中，需要对流化床内二元颗粒混合流动特性开展研究。化学链燃烧处理污泥技术通常采用流化床作为反应器，床内混合颗粒的流动特性一般会受颗粒密度、粒径、形状等综合因素影响，所以流化床内多组分颗粒的混合流动特性相对于床内单一颗粒流动要复杂得多，且由于颗粒物理性质的差异，使得在实际工业生产中会造成多组分颗粒的混合或分离现象。为了深入研究化学链燃烧处理污泥技术，提高污泥处理率，减少污染物的排放，增强二氧化碳收集率，研究流化床内干化污泥与铁基载氧体的混合/分离状态尤为重要。颗粒的分离与混合会影响流化床运行的稳定性，进而影响床内颗粒之间反应的传质和传热过程。二元颗粒流化特性研究多以生物质、煤粉、石英砂等作为研究对象，考察第二颗粒的添加对原始颗粒的流化特性、最小流化速度的影响[2]。而二元颗粒在重质油加工的催化裂化反应中也尤为常见。常规催化裂化催化剂和多产烯烃催化剂的粒径、密度等物理特性差别较小，在相同表观气速下会出现两种催化剂混合流动状态相近，提升管中颗粒夹带量相近，流化床中颗粒分层不明显等问题，在两个反应动力学条件存在明显差异的情况下，无法使二者均达到最佳反应效果。不同催化剂表面积碳量不同，所需再生条件也存在差异，这些都增加了操作的难度。因此，若两种催化剂采用物理特性差异较大的颗粒，将大差异二元颗粒放在同一反应-再生系统中，可望进一步优化多产烯烃催化裂化技术。而研究二元颗粒体系在提升管/流化床中的流动、混合特性是实现该技术的基础[3]。

二元混合颗粒一般分为等密度体系和非等密度体系，以往研究多针对二元颗粒的分离混合条件。在生物质流化床中，由于生物质颗粒多为非球形颗粒，常引入惰性介质或催化剂作为润滑剂，促进生物质颗粒的流态化[4]。因此，测量混合物的组分对于了解混合颗粒的动力学行为和确定混合颗粒的反应程度具有重要意义。

光学、声学传感器、层析成像方法、粒子跟踪和压力波动测量被用于测量混合物的组分[5,6]。然而，由于设备的复杂性和高成本，它们不适合工业测量[7]。与上述方法相比，静电传感器具有成本效益高、结构简单、安装条件广等优点，被广泛应用于固体颗粒流动流体力学的测量中[8,9]。近年来，静电传感器也被用于流化床中固体流量的测量[10]。采用静电传感和高速成像技术测量了循环流化过程中二元混合颗粒的速度[5]。然而，混合粒子的介电特性和物理参数的变化会影响传感器信号的幅值和频率特性。静电传感器仅粗略地测量了壁面附近二元混合粒子的速度。

早期常用于分析信号的方法有短时傅里叶变换（short time Fourier transform，STFT）、递归分析（recursive analysis，RA）、小波变换（wavelet transform，WT）等[11-16]。但由于混合颗粒在流化床中易受操作速度的影响，使得气泡形态及混合颗粒运动方式均发生变化，这些变化因素易造成床层界面不稳定，此时利用线性方法分析已难以有效捕捉二元颗粒混合流动过程的完整信息，更难反映颗粒混合状态转变特征。Huang[17]等在1998年创立了一种可用于处理非线性、非平稳信号的基于时间序列的分析方法，即希尔伯特-黄（Hilbert-Huang）变换法，它的基函数具有自适应功能，可以直接反应信号自身的时频域特征。目前该变换方法广泛应用于生物医药、电力检测、机械故障诊断等领域[18-21]。国内外学者利用此方法对流化床内单一颗粒的流动特性及流型变化进行的研究较多，黄海[22]等利用HHT法对气固流化床内压力信号进行分析，提出可采用内禀模态函数能量变化对流化床内颗粒结块故障进行判断；Lu[23]等利用HHT法对高压下的气固两相流进行特征提取，发现流型的改变与能量特征值有关。赵凯[24]等为了研究不同生物质添加量下双组分颗粒的流动特征，对流化床内颗粒运动产生的信号进行Hilbert-Huang变换，发现气泡产生信号的频率在0~4Hz之间，然后利用信号中的IMF作为特征参数，建立IMF与生物质质量分数之间的关系。Peng[25]等利用石英砂和煤粉为实验材料，在流化床内研究它们流型的变化，发现石英砂和煤粉均呈现三种不同流动模式，为了深入揭示压力脉动信号内的信息，利用希尔伯特-黄变换法提取信号有效信息通过希尔伯特谱定量分析能量及频率随时间的变化规律，表明流型的变化与能量有关，证实了希尔伯特-黄变换法适用于分析非线性、非平稳信号。陈露阳[26]等利用集合经验模态分解方法研究气液两相流流动情况，固有模态函数的筛选采用最大互相关系数法，建立IMF与体积含气率、两相雷诺数的关系图谱，发现此图谱对单相水、泡状流、塞状流、弹状流等典型流型的识别率很高[27]。以上研究表明流化床内产生的压力脉动信号特征为非线性、非平稳性，其内包含颗粒混合流动、气泡变化、流型变化等一系列信息，为此我们需要采用适当的信号分析方法处理并提取出各自的有效信息。对强化二元颗粒混合程度、提高气固流化床运行稳定性具有积极意义。但是上述方法在识别精度和速度上仍有不足。

近年来，数据驱动的建模方法被广泛应用，通过建立与变量之间的关系，便于多相流的复杂表征[28]，如利用人工神经网络、支持向量机和随机森林方法对流化床中颗粒的流动和干燥特性进行预测[29]。有一项基于机器学习像素级分类模型的研究，分别获得木材和LDPE粒子掩模，用于粒子图像测速和粒子跟踪测速处理。对二元粒子的速度和方向特征进行了量化[30]。但该方法需要对二值化的颗粒进行分割，模型计算耗时长。需要开发具有可靠和鲁棒数据驱动模型的新型软测量技术。适当的特征可以提高模型的预测精度。通常提取信号的时域、频域、时频域特征[31]。然而，这些信号分类方法需要大量的专业知识来手工特征。近年来，用于特征提取的散射变换因其优异的性能被用于生物医学信号分类[32,33]。利用级联小波变换和非线性系数计算散射变换。输出为时间平均系数[33]。由于不同组分混合生物质颗粒的静电信号较弱，传统的特征提取方法可能使各组分类别的差异不显著。为了解决流化床中混合生物质组分测量的难题，本节提出了一种将静电传感与散射变换-双向长短期记忆网络（scattering transform and bidirectional long short-term memory，ST-BiLSTM）模型相结合的新型组分测量方法。其中，首次应用小波散射变换生成一组鲁棒的特征进行分类。然后，通过评估测试验证了所提出的测量方法的良好性能。

8.2 方法

8.2.1 整体测量方法

流化床中混合生物质组分测量的总体策略如图8-1所示。由32个条形电极组成的非侵入式静电传感器阵列用于测量混合生物质的运动，静电传感器阵列的详细信息参见第4章。实验前对实际混合生物质的组分进行称重。利用小波散射变换对静电传感器的原始信号进行特征提取。然后将散射变换系数输入到BiLSTM模型中。最后，利用ST-BiLSTM模型计算了流化床内混

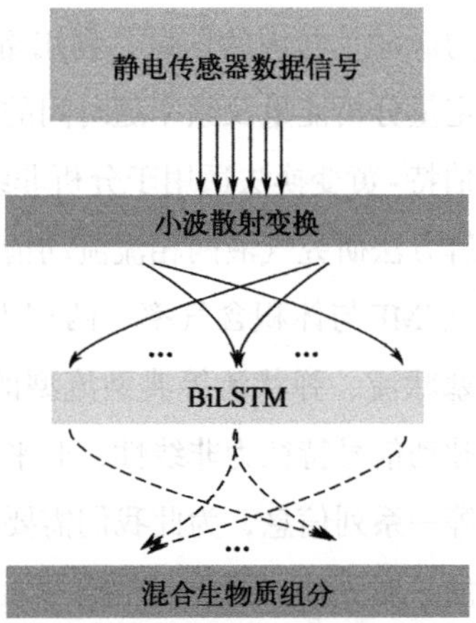

图8-1 基于静电传感和数据驱动建模的组分测量原理

合生物质的组分。

8.2.2　小波散射变换

小波散射变换产生的信号具有平移不变性、稳定性和信息性。它具有抗变形和保持类别判别的特点，特别适用于分类任务[32]。$f(t)$ 是需要考虑的信号。

覆盖整个信号频率范围的滤波器使用低通滤波器和小波函数创建。(f) 的局部平移不变解释是由特定尺度 T 下的低通滤波器 $\phi(t)$ 产生的。小波指数 Λ_k 组具有一个倍频频率分辨率 Q_k。多尺度高通滤波器组 ψ_j 是通过拉伸小波 ψ 创建的。通过卷积得到 (f) 的局部生成平移不变特征 $S_0 f(t)=f^*\phi(t)$。

$$|W_1|f=\left\{S_0 f(t)\middle|f^*\psi_{j_1}(t)\right|\Big\}_{j_1\in\Lambda_1} \tag{8-1}$$

一阶散射系数是通过对小波操作数系数及 ϕj 求和得到的。

$$S_1 f(t)=\left\{\left|f^*\psi_{j_1}\right|^*\phi J(t)\right\}_{j_1\in\Lambda_2} \tag{8-2}$$

为了检索由于平均而丢失的信息，通过将 $S_1 f(t)$ 视为 $|f^*\Psi_{j_1}|$ 的低频分量来处理补高频系数值，如式（8-3）所示：

$$|W_2|\left|f^*\ \psi_{j_1}\right|=\left\{S_1 f(t)\ \middle\|f^*\ \psi_{j_1}\right|^*\psi_{j_2}(t)\Big|\Big\}_{j_1\in\Lambda_2} \tag{8-3}$$

在二阶散射系数中，方程表示为：

$$S_2 f(t)=\left\{\left|f^*\psi_{j_1}\right|^*\psi_{j_2}^*\phi J(t)\right\}_{j_1\in\Lambda_i},i=1,2,K \tag{8-4}$$

根据上述迭代方法生成小波积卷积。

$$U_m f(t)=\left\{\left\|f^*\psi_{j_1}\right|^*L\left|^*\psi_{j_m}\right\|\right\}_{j_1\in\Lambda_i},i=1,2,K,m \tag{8-5}$$

第 m 阶散射系数如式（8-6）所示：

$$S_m f(t)=\left\{\left|f^*\psi_{j_1}\right|^*L\left|^*\psi_{j_m}\right|^*\phi J(t)\right\}_{j_1\in\Lambda_i},i=1,2,K,m \tag{8-6}$$

最终的散射矩阵为：

$$S_m f(t)=\left\{S_m f(t)\right\}_{0\leqslant m\leqslant l} \tag{8-7}$$

散射分解可以得到传感器原始信号振幅和持续时间的微小变化。虽然这些变化难以量化，但它们代表了混合生物质颗粒的情况。已有研究表明，随着层数的增加，散射参数的能量略有下降，前两层已经包含了近99%的能量[33]。因此，采用双请求散射网络从传感器中检索信号特征，大大降低了算法的复杂度。

8.2.3 长短期记忆网络（LSTM）

长短期记忆网络LSTM（long-short term memory，LSTM）是一种特殊的递归神经网络（recurrent neural network，RNN），专门用于对时间序列进行建模。它使用隐藏状态保存通过它的输入的信息[31]。给定序列x=（x_1，...，x_T），则隐藏向量序列h=（h_1，...，h_T），输出向量序列y=（y_1，...，y_T）由t=1到T，通过重复以下公式计算得到：

$$\begin{aligned} h_t &= H\left(W_{xh}x_t + W_{hh}h_{t-1} + b_h\right) \\ y_t &= W_{hy}h_t + b_h \end{aligned} \tag{8-8}$$

式中，W、b、H分别为模型的权重、偏置向量和隐藏激活。这些参数的计算公式如下：

$$\begin{aligned} i_t &= \sigma\left(W_{xi}x_t + W_{hi}h_{t-1} + W_{ci}c_{t-1} + b_i\right) \\ f_t &= \sigma\left(W_{xf}x_t + W_{hf}h_{t-1} + W_{cf}c_{t-1} + b_f\right) \\ c_t &= f_t c_{t-1} + i_t \tanh\left(W_{xc}x_t + W_{hc}h_{t-1} + b_c\right) \\ o_t &= \sigma\left(W_{xo}x_t + W_{ho}h_{t-1} + W_{co}c_t + b_o\right) \\ h_t &= \sigma \tan h\left(c_t\right) \end{aligned} \tag{8-9}$$

式中，W_{xo}和W_{hi}分别为输入输出门矩阵和隐藏输入门矩阵。参数i、f、o、c和σ分别表示输入门、遗忘门、输出门、细胞激活向量和logistic sigmoid函数。

近年来，BiLSTM神经网络被广泛应用，它实现了信息的双向传输。在处理已知序列时，其性能优于单向LSTM神经网络。BiLSTM以正向和反向的方式处理数据，用两个独立的隐藏层捕获过去和未来的上下文，然后将其前馈到相同的输出层。将BiLSTM的输出应用于sigmoid型激活函数的最终稠密层，计算最终预测。利用Adam优化器对噪声传感器数据进行稀疏梯度处理。在训练过程中，稠密层使用二元交叉熵损失来支持多个组分类。

8.3 实验装置

如图8-2所示，在实验室规模的试验台上进行了实验测试。流化床为伪二维流化床，由有机玻璃制成，高度为850mm，宽度为150mm，厚度为30mm[34]。静电传感器阵列安装在床的前部。

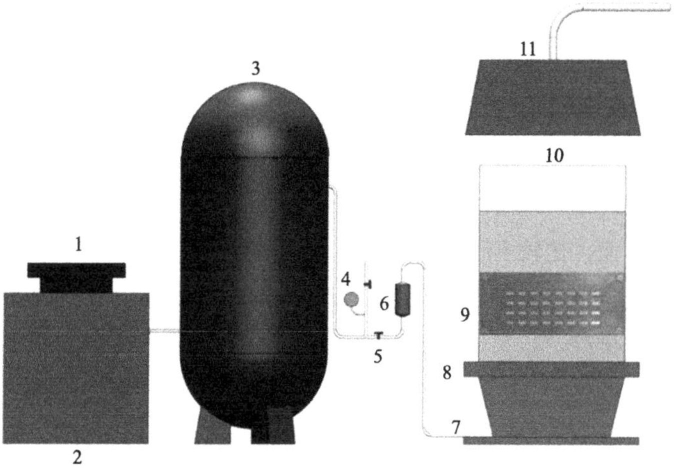

图8-2　实验装置示意图

1—空气过滤器；2—空气压缩机；3—储罐；4—压力阀门；5—燃气阀门；6—玻璃转子流量计；7—气室；8—床分布板；9—静电传感器阵列；10—流化床；11—除尘袋

混合的生物质颗粒作为床料进入流化床。实验中使用的生物质混合物为玉米粒和苹果木屑颗粒。苹果木屑颗粒在混合物中的重量比例分别为0、2%、4%、6%和8%。实验中使用的生物质是平均直径为1mm、真实密度为1100kg/m^{3}的碾碎玉米粒。苹果木屑的真实密度为800kg/m^3，尺寸范围为1 ~ 3mm。

本文使用的数据来自25个实验条件，如表8-1所示。通过重复测量实验，共获得2400组数据构成数据集，用于模型训练和测试。

表8-1　实验条件

木屑的组分	空气速度/(m/s)				
	0.68	0.74	0.80	0.86	0.92
0（批1）	B1V1	B1V2	B1V3	B1V4	B1V5
2%（批2）	B2V1	B2V2	B2V3	B2V4	B2V5
4%（批3）	B3V1	B3V2	B3V3	B3V4	B3V5
6%（批4）	B4V1	B4V2	B4V3	B4V4	B4V5
8%（批5）	B5V1	B5V2	B5V3	B5V4	B5V5

8.4 实验结果

静电传感器的输出反映了混合生物质所携带的电荷量。以电极D4为例，不同批次滤波后的静电信号振幅与时间的关系如图8-3所示。结果表明，静电信号的振幅随混合生物质的运动而波动。此外，来自静电传感器的信号振幅随木屑组分的增加而增加。电极的振幅取决于材料的物理参数。木材颗粒的表面粗糙度、摩擦序列的位置、密度等物性参数使混合物的静电荷随组分的增加而增加，静电传感器的输出信号增强。然而，比较不同生物量组分下的静电信号，很难建立静电传感器输出振幅与混合生物量组分之间的函数关系。因此，仅利用原始静电信号预测混合生物质的组分是一个挑战。

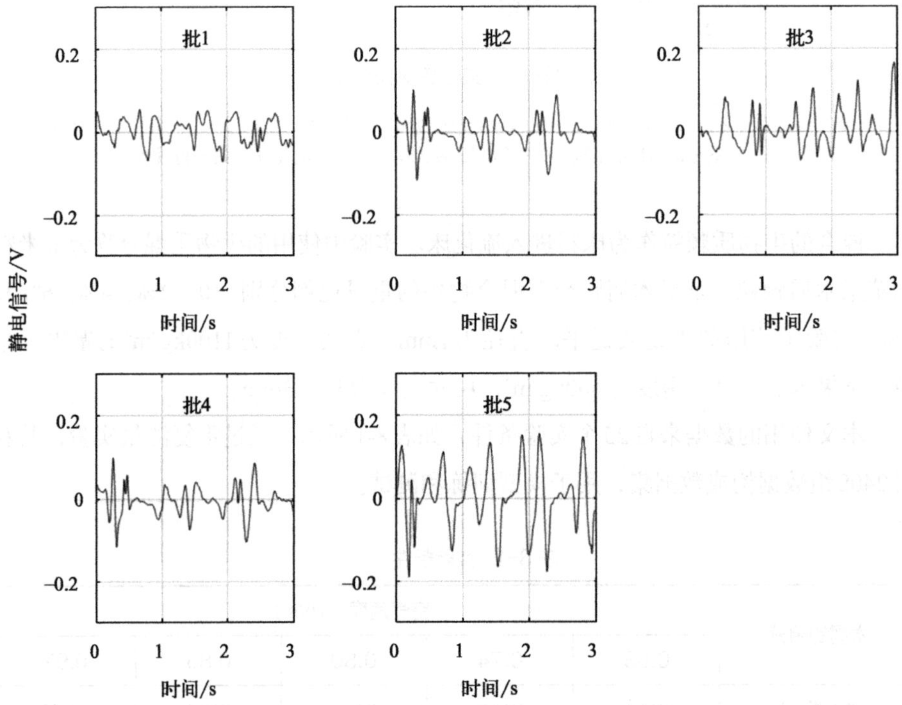

图8-3 电极D4在不同组分下的静电信号振幅与时间的关系

采用互相关算法对上下游电极的静电信号进行处理，得到混合生物质的互相关速度。图8-4为24组电极对测量的混合生物质颗粒的互相关速度结果。

箱形图反映了混合物相互关联速度的分布特征。当木屑的组分较低时，生物质

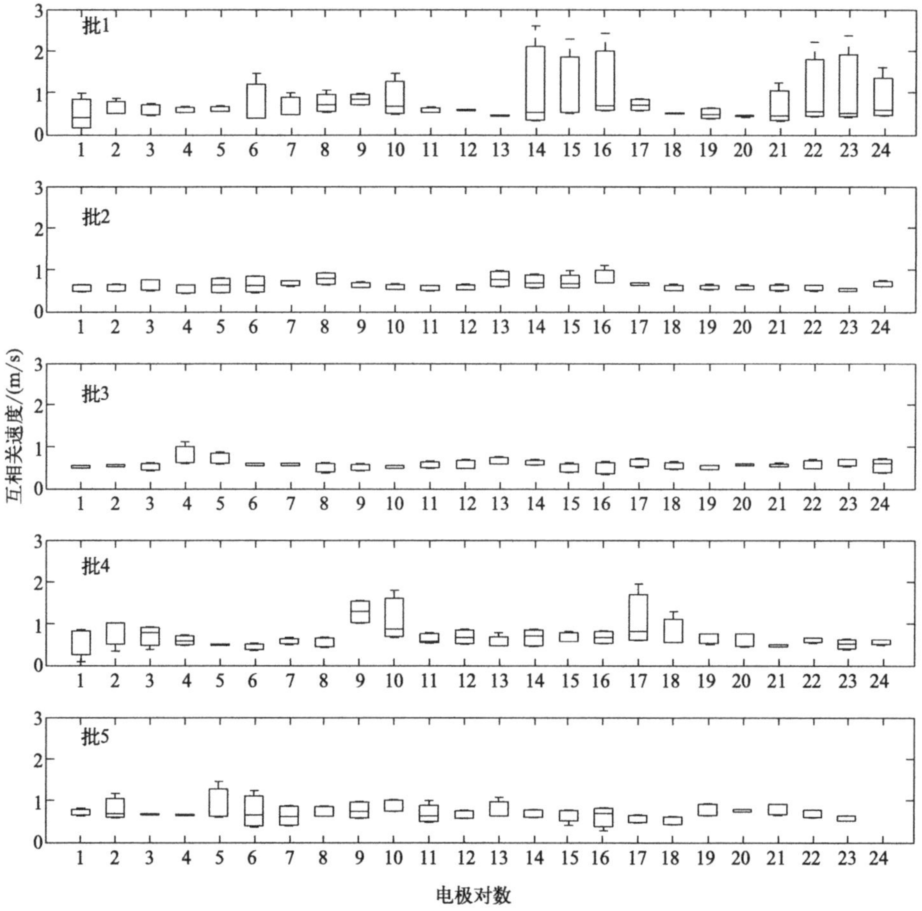

图8-4　混合生物质颗粒的互相关速度

混合物的速度波动较大。随着木屑组分的增加，混合料的平均颗粒速度在初始阶段有减小的趋势，混合料的速度波动减小。混合生物质起到均匀流化作用，使生物质的流化状态更加稳定。但随着木屑组分进一步增加，混合料的互相关速度逐渐增大。这是因为二元组分颗粒的物理参数差异较大，运动方向和颗粒大小也有较大差异。特别是在木屑的高组分和流化后期，颗粒偏析加剧了混合颗粒速度的波动[35]。

本文采用ST-BiLSTM方法对不同木屑组分的生物质混合信号进行学习和训练，实现不同组分信号的分类。构造了两组滤波器的小波时间散射网络。不变尺度设置为1.5s。图8-5展示出了使用小波散射进行特征提取时两组滤波器中的小波滤波器。基于尺度函数的带宽，对小波散射变换进行时间上的临界下采样。这导致329个散射路径中的每一个都有8个时间窗口。从每个散射层提取的特征被独立检查。以第一级为例，各组分信号的一阶尺度图系数结果如图8-6所示。

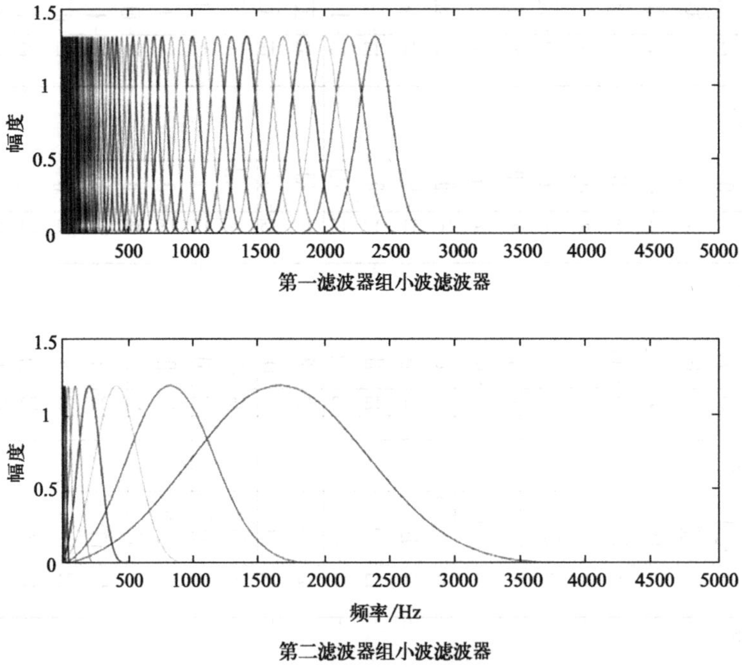

图8-5　两个滤波器组中的小波滤波器的可视化

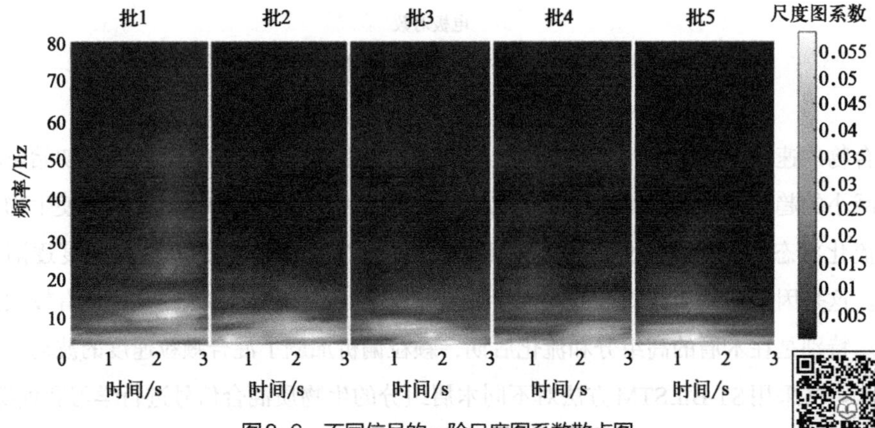

图8-6　不同信号的一阶尺度图系数散点图

彩图8-6

除了考虑发送给模型的样本数量外，在模型训练之前还需要设置结构参数和训练参数。本文着重对不同试验条件下木屑颗粒的组分进行了预测。在接下来的分析中，使用一个包含100个隐藏单元的BiLSTM模型来拟合训练数据（70%），然后使用该模型对剩余30%的数据进行预测以进行测试。并将该模型的性能与小波散射变换和支持向量机（a wavelet scattering transform and SVM，ST-SVM）模型进行了比较。多类二次支持向量机模型的计算复杂度较低，因此选择了多类二次支持向量机模型。模型的预测性能使用5倍交叉验证进行估计，避免过拟合。ST-SVM和ST-BiLSTM模型在流化床中的预测结果如图8-7所示。显然，ST-BiLSTM模型的预测结果更接近实际组分。

ST-SVM和ST-BiLSTM模型预测结果的均方根误差（RMSE）分别为0.014和0.010。以上结果表明，小波散射变换与BiLSTM相结合具有更强的特征学习能力。对比两种机器学习方法，SVM模型获得了较好的预测效果，这得益于核函数强大的非线性处理能力。由于BiLSTM模型能够记住特征序列的长期信息，因此其预测性能优于SVM模型。最后，利用小波散射和BiLSTM网络各自的优势，ST-BiLSTM混合网络模型获得了更好的预测结果。

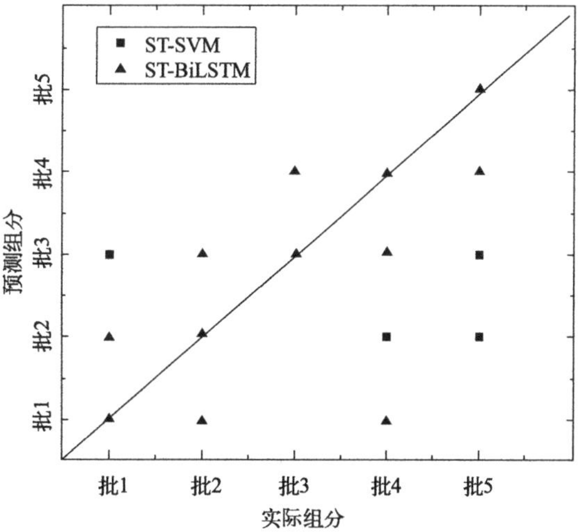

图8-7　利用ST-SVM和ST-BiLSTM模型预测混合生物质的组分

参考文献

[1] Sabouni R，Leach A，Briens C，et al. Enhancement of the liquid feed distribution in gas-solid fluidized beds by nozzle pulsations （induced by solenoid valve）[J]. AIChE Journal，2011，57（12）：3344-3350.

[2] 王健乔 . 流化床内二元颗粒混合分离流动特性及基于 HHT 法的混合状态辨识研究 [D]. 马鞍山：安徽工业大学，2022.

[3] 闫珺，金伟星，范怡平，等 . 二元颗粒在气固流化床中的轴向分布特性 [J]. 过程工程学报，2023，23

（6）：837-846.

[4] Fotovat F，Chaouki J，Bergthorson J. The effect of biomass particles on the gas distribution and dilute phase characteristics of sand–biomass mixtures fluidized in the bubbling regime[J]. Chemical Engineering Science，2013，102：129-138.

[5] Zhang W，Wang T，Liu Y，et al. Particle velocity measurement of binary mixtures in the riser of a circulating fluidized bed by the combined use of electrostatic sensing and high-speed imaging[J]. Petroleum Science，2020，17（4）：1159-1170.

[6] Wu S，Straiton B，Zong Y，et al. A new measurement method for mixing and segregation of binary mixture by combining gas cutting-off method and ECVT[J]. Powder Technology，2022，409：117806.

[7] Wang Y，Qian X，Wang L，et al. Measurement of cross-section velocity distribution of pneumatically conveyed particles in a square-shaped pipe through gaussian process regression-assisted nonrestrictive electrostatic sensing[J]. IEEE Transactions on Instrumentation and Measurement，2023，72：2504411.

[8] Yan Y，Hu Y，Wang L，et al. Electrostatic sensors – Their principles and applications[J]. Measurement，2021，169：108506.

[9] Wang S，Xu C，Li J，et al. An instrumentation system for multi-parameter measurement of gas-solid two-phase flow based on Capacitance-Electrostatic sensor[J]. Measurement，2016，94：812-827.

[10] Qi B，Yan Y，Zhang W，et al. Measurement of biomass moisture content distribution in a fluidised bed dryer through electrostatic sensing and digital imaging[J]. Powder Technology，2021，388：380-392.

[11] Zhao F Z，Yang R G. Voltage sag disturbance detection based on short time Fourier transform[J]. Proceedings of CSEE，2007，27（10）：28-34.

[12] Luo Z H，Xue X N，Wang X Z，et al. Study on the method of incipient motor bearing fault diagnosis based on wavelet transform and EMD[J]. Proceedings of CSEE，2005，25（14）：125-129.

[13] Sun B，Zhou Y L，Wang Q. Differential pressure fluctuation analysis of gas-liquid two-phase intermittent flow using the Wigner distribution[J]. Chinese Journal of Scientific Instrument，2005，26（8）：87-89.

[14] Huang H，Huang Y L，Zhang W D. Pressure fluctuations analysis of gas-solid fluidized bed using the Wigner distribution[J]. Journal of Chemical Industry and Engineering. 1999，50（4）：477-482.

[15] Wang C H，Zhong Z P，Li R，et al. Recurrence plots analysis of pressure fluctuation in gas-solids fluidized bed[J]. CIESC Journal，2010，61（3）：557-564.

[16] Huang B，Chen B C，Huang Y L. Analysis of pressure fluctuation in fluidized bed through algorithm complexity in various scales[J]. CIESC Journal，2002，53（12）：1270-1275.

[17] Huang N E，Shen Z，Long S R，et al. The empirical mode decomposition and the Hilbert spectrum for non-linear and on-stationary time series analysis[J]. Proceedings of Royal Society of London，Series A，1998，454：903-995.

[18] Felisa M，Cordova，Rogers Atero，et al. Brain Topography Method based on Hilbert-Huang Transform[J]. Procedia Computer Science，2017，122（8）：873-880.

[19] Chiranjib Barman，Debasis Ghose，Bikash Sinha，et al. Detection of earthquake induced radon precursors by Hilbert Huang Transform[J]. Journal of Applied Geophysics，2016，133（9）：123-131.

[20] 张春新，张文光，马亚坤，等. 基于希尔伯特 - 黄变换人步行状态髋关节角度信号的分析方法 [J].

医用生物力学，2016，31（6）：513-519.

[21] Li W K，Li L，Yu J L，et al. Detection model of biological electric shock current based on Hilbert-Huang transform[J]. 农业工程学报，2017，14（33）：202-209.

[22] Huang H，Huang Y L. Pressure-fluctuation analysis of gas-sold fluidized beds using Hilbert-Huang transform[J]. Journal of Chemical Industry and Engineering，2004，55（9）：1441-1447.

[23] Lu P，Han D，Jiang R X，et al. Experimental study on flow patterns of high-pressure gas-solid flow and Hilbert-Huang transform based analysis[J]. Experimental Thermal and Fluid Science，2013，51：174-182.

[24] 赵凯，仲兆平，王肖祎，等. 基于HHT法的流化床内生物质和石英砂双组分颗粒压差脉动信号分析[J]. 化工学报，2015，66（4）：1282-1289.

[25] Peng L，Dong H，Jiang R，et al. Experimental study on flow patterns of high-pressure gas-solid flow and Hilbert–Huang transform based analysis[J]. Experimental Thermal & Fluid Science，2013，51（11）：174-182.

[26] 陈露阳，尹佳雯，孙志强，等. 基于 EEMD-Hilbert 谱的气液两相流钝体绕流流型识别 [J]. 仪器仪表学报，2017，38（10）：2536-2546.

[27] 谢辰. 新型内外管差压流量计气液两相流测量特性研究 [D]. 保定：河北大学，2018.

[28] Duca V，Brachi P，Chirone R，et al. Binary mixtures of biomass and inert components in fluidized beds：Experimental and neural network exploration[J]. Fuel，2023，346：128314.

[29] Zhang W，Cheng X，Hu Y，et al. Online prediction of biomass moisture content in a fluidized bed dryer using electrostatic sensor arrays and the Random Forest method[J]. Fuel，2019，239：437-445.

[30] Li C，Gao X，S Rowan，et al. Measuring binary fluidization of non-spherical and spherical particles using machine learning aided image processing[J]. AIChE Journal，2022，68（7）：17693.

[31] Zeng X，Yan Y，Qian X，et al. Mass flow rate measurement of pneumatically conveyed solids in a square-shaped pipe through multi-sensor fusion and data-driven modelling[J]. IEEE Transactions on Instrumentation and Measurement，2023，72：7508012.

[32] Marzog H，Abd H. Machine learning ECG classification using wavelet scattering of feature extraction[J]. Applied Computational Intelligence and Soft Computing，2022，2022：9884076.

[33] Andén J，Mallat S. Deep scattering spectrum[J]. IEEE Transactions on Signal Processing，2014，62（16）：4114-4128.

[34] Qi B，Yan Y，Zhang W，et al. Experimental investigations into bubble characteristics in a fluidized bed through electrostatic imaging[J]. IEEE Transactions on Instrumentation and Measurement，2021，70：9503813.

[35] Roy S，Pant H，Roy S. Velocity characterization of solids in binary fluidized beds[J]. Chemical Engineering Science，2021，246：11688.